宇宙の誕生と終焉

最新理論で解き明かす！
138億年の宇宙の歴史とその未来

松原隆彦

SB Creative

著者プロフィール

松原隆彦（まつばら たかひこ）

1966年、長野県生まれ。京都大学理学部卒業、広島大学大学院理学研究科博士課程修了。博士（理学）。現、名古屋大学大学院理学研究科・准教授。専門は宇宙論（宇宙の構造形成と進化、観測的宇宙論の基礎理論、統計的宇宙論、宇宙の大規模構造、重力レンズ、宇宙背景放射ゆらぎなど、観測による検証が可能な宇宙論を中心とする理論的研究）。おもな著書に、『宇宙はどうして始まったのか』『宇宙に外側はあるか』（光文社）、『現代宇宙論』『宇宙論の物理 上・下』（東京大学出版会）、『大規模構造の宇宙論』（共立出版）がある。

本文デザイン・アートディレクション：近藤久博（近藤企画）
イラスト：いぐちちほ
校正：壬生明子、市原達也

はじめに

　この宇宙すべては、いったいどこからきて、どのように移り変わり、そしてどこへ向かっているのでしょうか。たまには、そんな浮世離れした壮大な疑問について想像を巡らせてみましょう。

　ものごとには始まりがあれば終わりもあります。一見すると永遠に続いているように見えるものがありますが、そうしたものも、人間の一生に比べて十分に長く続いているというだけです。このことは、宇宙全体についてもあてはまります。私たちが知っているすべてのものごとは宇宙の中で起きているので、さすがに宇宙だけは別格で永遠の存在だと思いたいところかもしれません。

　しかし、間違いなく、私たちの住んでいるこの宇宙は永遠の過去から存在していたものではありません。138億年前にビッグバンという始まりがありました。宇宙自体に始まりがあるのなら、いずれ終わりがくると考えられます。少なくとも、宇宙がいまと同じような状態を永遠に保ち続けることはありえません。なにごとも諸行無常、万物流転の中にあり、宇宙全体でさえその例外ではなかったのです。

　始まったり終わったりする宇宙とは、一体全体なにものなのでしょうか。私たちが生きているのも、宇宙があってこそのものです。宇宙がなにものなのかという疑問は、私たち自身がな

にものなのかという疑問にも直結しています。

　宇宙がなにものなのかを知るために、頭の中で考えているだけでは埒(らち)があきません。まず宇宙をくわしく観察し、科学的な根拠をもとにして宇宙像を構築していくことが不可欠です。一朝一夕で宇宙すべての謎に答えが見つかるというものではありません。解き明かせる謎から順番に、一歩ずつ研究を進めていくのが科学です。そのようにして、この100年あまりの間に宇宙全体に関する科学的な知識は大きく広がってきました。

　ある人物についてよく知りたければ、まずはその人の生い立ちを調べる必要があります。同じように、宇宙についての理解を深めるには、宇宙の生い立ちを知ることがまず必要です。宇宙がどのようにして現在のような姿になったのかを理解すれば、その知識をもとにして宇宙の将来像もある程度は予想できるようになります。

　本書では、宇宙の誕生から終焉までを、現代宇宙論によって科学的に明らかになった事実にもとづいて解説します。つまり、宇宙を時間軸に沿って解説しようとするものです。私たちが生きている現在という時間が、遠い過去からはるか未来へと続く宇宙全体の変化の中でどのような位置にあるのか、本書を読めばよくわかるようになるでしょう。

　読者にとって、宇宙の誕生と終焉の瞬間に特別の興味があるかもしれません。それらが正確にどのようなものなのか、いまだ科学的に確実な答えはでていませんので、1つの仮説だけを信じて安易に解決した気分になるのは間違いです。本書では、これらの不確実な領域についても科学的にありえるいくつかの

仮説を取り上げました。科学的に確実になっている事柄と、科学的にはまだ確立していない仮説とを混同しないように説明してあります。今後の研究の進展によって後者は大きく書き換えられる余地がありますが、多少なりとも最先端の宇宙論研究の雰囲気を味わうことができると思います。

　本書を最後まで読めばはっきりとわかるように、宇宙の始まりや終わりは、現在の宇宙とはまったく違った世界です。そこには少なくとも私たちのような生命が生きられる余地はありません。現在の宇宙は生命にとって特別に都合のよいところになっています。日々の生活の中では忘れがちですが、私たちが当然のように生活しているこの世界は、決してあたり前の存在ではありません。さまざまなピースが奇跡的にうまく組み合うことによって、いま私たちがここにいます。

　本書を通読して宇宙全体の時間変化をたどってみると、宇宙の中での自分自身の位置をあらためて確認することができるようになるはずです。自分はどういうわけでここにいるのか、宇宙的な視点に立って考えてみるとおもしろいでしょう。宇宙全体の観点から眺めてみれば、なにげない日常の生活の中にも、新鮮な発見が潜んでいます。たとえば、私たちの体をつくっている物質が、どういう経緯をたどってここへきたのかを想像してみてください。また、将来どこへ行くのかを想像してみてください。そこには壮大なドラマが隠されています。

　本書によって読者の視点が少しでも広がることになれば、筆者にとっての大きなよろこびです。

2016年2月　松原隆彦

宇宙の誕生と終焉

最新理論で解き明かす！138億年の宇宙の歴史とその未来

CONTENTS

はじめに ……………………………………………………3

第1章 宇宙という不可思議な存在 ……………………9

1 神秘的な星空 ……………………………………10
2 宇宙を見た目どおりに想像すると ……………11
3 宇宙の果てに到達したら ………………………13
4 天上ではなく地上が動いていた ………………14
5 人類は月にまで行ってしまった ………………17
6 はやぶさブーム …………………………………18
7 星までの距離 ……………………………………20
8 太陽が直径10cmのソフトボールだったら …21
9 無数の銀河が宇宙に構造をつくっている ……22
10 宇宙の泡構造 ……………………………………25
11 超大スケールには目立った構造が見られない …27
12 観測可能な宇宙を超えた先 ……………………28
13 宇宙の地平線 ……………………………………30
14 観測できる宇宙の外側とは ……………………31
15 自分の周りの状況が
　　　ずっと続いているとはかぎらない …………32
16 宇宙は変化するもの ……………………………34
17 宇宙は膨張している ……………………………35
18 昔の宇宙が小さいとはどういうことか ………37
19 定常宇宙論の抵抗 ………………………………38
20 時空間の性質を解き明かす一般相対性理論 …40
21 ブラックホールも一般相対性理論の予言 ……42
22 宇宙の運命は宇宙にある
　　　エネルギーで決定される ……………………44
23 質量エネルギーと原子力発電 …………………47
24 ダークマターとダークエネルギー ……………48
25 宇宙の時系列 ……………………………………51

第2章 宇宙の始まり ………………………………53

1 宇宙は138億年前に始まった …………………54
2 宇宙の外には時間がない ………………………56
3 量子的な宇宙の始まりとプランク時間 ………58
4 不完全な理論でもおおまかな推論はできる …59
5 量子ゆらぎとして宇宙が生まれる可能性 ……63
6 量子トンネル効果で宇宙が生まれる可能性 …67
7 ハートルとホーキングの提案 …………………70
8 宇宙のインフレーション ………………………74
9 インフレーションを起こす原因とは …………77

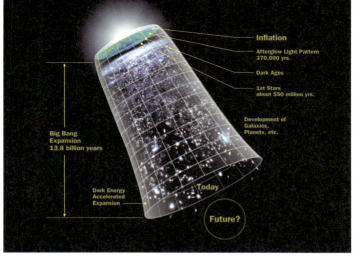

10	スカラー場とインフレーション … 81
11	インフレーションのモデルは数かぎりなく考えられる … 87
12	インフレーションのモデルを選別するには … 88
13	インフレーション理論と宇宙のゆらぎ … 90
14	ビッグバンの父、ルメートルの理論 … 92
15	ビッグバン理論の登場 … 94
16	ビッグバンで元素ができる … 96
17	ビッグバンの名残り … 98
18	温度ゆらぎを探せ … 101
19	温度ゆらぎのパワースペクトル … 104
20	現在の物理法則がはるか過去の宇宙にも当てはまる … 105

第3章　宇宙の構成 … 107

1	宇宙はなにでできているのか … 108
2	私たちがよく知っている物質 … 109
3	星は重元素の工場 … 110
4	ニュートリノとは … 111
5	未知の物質、ダークマター … 113
6	重力レンズでダークマターを「見る」 … 114
7	ダークマターの正体はいまだ不明 … 117
8	ダークエネルギーという謎の成分 … 118
9	現在の宇宙は加速的に膨張している … 119
10	加速する宇宙の発見 … 120
11	ダークエネルギーの正体 … 121

CONTENTS

第4章 宇宙の進化 ……… 123
1. 宇宙の確実な歴史 ……… 124
2. 素粒子の種類 ……… 125
3. クォーク・スープから核子の形成へ ……… 130
4. ビッグバン元素合成 ……… 132
5. 宇宙の晴れ上がり ……… 133
6. 宇宙マイクロ波背景放射 ……… 136
7. 宇宙の暗黒時代 ……… 137
8. 初期の銀河は不規則な形をしている ……… 142
9. いろいろな形をした銀河 ……… 144
10. 活動的な銀河と超巨大ブラックホール ……… 146
11. 銀河団と超銀河団 ……… 148
12. 太陽系が生まれる ……… 151
13. 月の誕生 ……… 155
14. 生物の起源と進化 ……… 156
15. 人類の誕生へ ……… 158
16. 巨大隕石の役割 ……… 160
17. 宇宙カレンダー ……… 162

第5章 宇宙の終焉 ……… 167
1. 宇宙の未来予測 ……… 168
2. これからどれくらいものごとが存続できるか ……… 169
3. 人間の文明はいつまで続くのか ……… 170
4. 地球と太陽はいつ、どのような終わりを迎えるのか ……… 173
5. 星々の運命 ……… 176
6. ミルコメダ銀河 ……… 179
7. 銀河系の終焉 ……… 181
8. ホーキング放射 ……… 183
9. ブラックホールの蒸発 ……… 185
10. ビッグフリーズ ……… 186
11. ダークエネルギーの時間変化と宇宙の終焉 ……… 187
12. ビッグクランチ ……… 188
13. ビッグリップ ……… 191
14. ほかの可能性 ……… 194

参考文献 ……… 196
索引 ……… 197

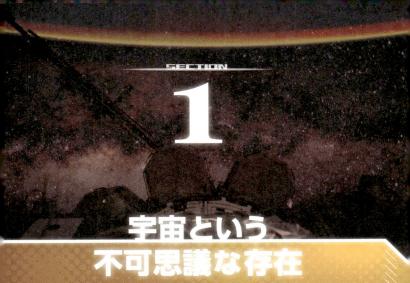

SECTION 1

宇宙という不可思議な存在

図1-1 星空

 神秘的な星空

　宇宙といえば、夜空に広がる星空を思い浮かべる人が多いだろう。筆者は子どものころ、星空が比較的キレイに見える片田舎に住んでいて、特に天文少年というわけではなかったが、月明かりの少ない夜に外へでると、満天の星空や天の川が広がる

天上の世界に自然と目を奪われた。頭上に広がる星の世界を見ていると、その不思議さに時を忘れてしまうこともしばしばだった。読者のなかにも、同じような経験をもっている人が少なくないだろうと思う。もし、運悪くキレイな星空を眺めたことがない、または長い間見ていないので忘れてしまったという場合は、ぜひこれからでも、新月の晴れた夜に、街明かりの届かない場所へ行って星空を眺めながら時を過ごしてみよう。

星空を見上げると、人間が暮らしている地上とは異なる神秘的な世界が天上に広がっているように感じられる（図1-1）。昔の人々は、天上は神の世界であって、人間の世界である地上とはまったく異なるものだと思っていた。それも、実際に夜空を見上げれば十分に納得できることだ。

宇宙を見た目どおりに想像すると

たとえば、図1-2は古代ヘブライ人の考えた宇宙の姿である。彼らにとって、地上の世界とは水に囲まれる円盤のようなものであった。横方向は海で囲まれていて、さらに上下にも水が満たされているというのだ。

天空は、人間が見たままのとおりに、おわんをひっくり返したような形をしている。おわん型の天空の上には水で満たされた部分があって、その水が雨や雪となって降ってくる。星や太陽、月などの天体は、天空の下部を動いている。地面の下には死者の世界である黄泉がある。そして、地面全体は水中に延びたいくつもの柱で支えられている。

天空の上に水があるという宇宙観から連想されるのは、筆者

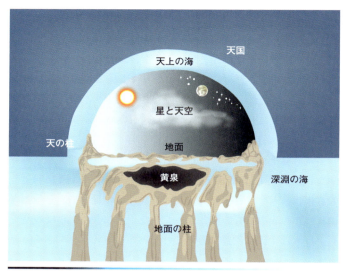

図1-2 古代ヘブライ人の考えた宇宙の姿

が現在住んでいる名古屋市では有名な、オアシス21という施設にある「水の宇宙船」だ(**図1-3**)。吹き抜けになった地下広場の上に透明な屋根があり、そこには水がたたえられている。天上に水が満たされているというところが古代ヘブライ宇宙論に似ている。

　ほかの文明ではまた異なるさまざまな宇宙観があるが、おおむね古代の人々が考える宇宙とは、自分たちの住んでいる場所を中心にして、その周りに見たこともない世界が広がっているというものだ。人間は、見聞きできない場所のことについては想像を膨らませることしかできない。いったい空の向こう側にはなにがあるのだろうか。それは古代の人間にとって究極の疑問であっただろう。

第1章 宇宙という不可思議な存在

図1-3 水の宇宙船（名古屋市）　　出典：Wikimedia

3 宇宙の果てに到達したら

　図1-4は、「フラマリオン版画」と呼ばれる作者不明の絵で、中世の宇宙観を表すものと考えられている。ここにいる人は、星で満たされた天空と地面の交わる隙間を見つけ、そこから天の向こう側を覗き込んで驚いている。宇宙の果てに到達したらどうなるかを想像したのだ。

　もちろん、私たち現代人はこのような宇宙像が正しいもので

図1-4 フラマリオン版画　　　　　　　　　　　　　　　出典：Wikimedia

ないことを知っている（ちなみに、フラマリオン版画の作者もおそらくこの宇宙像が正しくないことを知っていたと思われる）。星々が張りつくおわん型をした天空のようなものは、この世界に存在しないのだ。それは、地球から空を見上げたときの、見かけの姿にすぎない。

4 天上ではなく地上が動いていた

　地上の世界と天上の世界は、別々のものではない。この重大な事実を明らかにしたことは、近代科学の大きな成果だ。天空に見える星々が回っているのではなく、地面自体が動いている。

第1章 宇宙という不可思議な存在

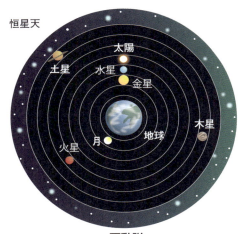

天動説
（地球中心の宇宙）

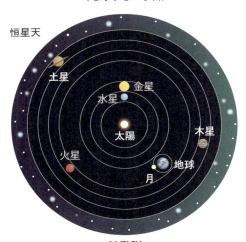

地動説
（太陽中心の宇宙）

図1-5　天動説と地動説

すなわち、見かけの宇宙の姿をそのまま表す天動説は誤りであり、一見したところ不動に見える地面が動くという地動説が正しかったのだ。

昔の天動説の立場では、地上の世界と天上の世界はまったく別の法則が支配しているとされた。天上の世界に属する太陽、月、惑星、そして無数の星々は、天上の世界の法則によって運行していて、地上の世界を支配する法則が天上の世界にも通用するとは考えられていなかった。

天動説に比べて地動説がすぐれているのは、天上世界と地上世界を同じ物理の法則で理解できるようになったことだ。この理解に大きな貢献をしたのが、17世紀に活躍した有名な自然哲学者、アイザック・ニュートン。彼は万有引力の法則を発見し、地上で物体が動いたり下に落ちたりする現象も、天上で天体が運行する現象も、一組の同じ運動法則によって説明できる

図1-6　アイザック・ニュートンと、万有引力の法則

ことを示した。ニュートンの運動法則の理論は、体系的な近代物理学の模範となった。

人類は月にまで行ってしまった

　宇宙に飛びだして見なくても、こうして一組の単純な法則ですべてが説明できるとなれば、それが真実であることは確実だと考えられる。人類が初めて月へ到達したアポロ計画を立てるにあたって、実際に行ってみたら月が天空に張りついたハリボ

図1-7　月面から見た地球の姿　　　　　　　　　　　出典：NASA

テだったらどうしよう、などと考える科学者は1人もいなかったはずだ。そして、ニュートンの運動法則を使い、宇宙船が飛行する軌道を正確に導きだし、無事に人間を月面着陸させたあとに地球に帰還させたのだ。

アメリカが巨額の資金を投入したアポロ計画により、人類は月へ行った。筆者は、月へ行ったらどんな気持ちになるのだろうと考えることがある。実際に月から地球を眺めると、図1-7のように見える。筆者なら、
「ずいぶん遠くへきすぎてしまったものだ、早く帰りたい」
と思うかもしれない。とはいえ、実際の宇宙飛行士にとっては国家の威信を背負った重要なミッションだったから、そんな呑気なことをいってはいられなかったとは思うが。

6 はやぶさブーム

宇宙を旅する探査機といえば、日本の小惑星探査機「はやぶさ」（図1-8）が有名だ。2011年から2012年にかけて、はやぶさに関する映画が次々と公開されて日本中に感動を巻き起こし、大ブームになったことは記憶に新しい。はやぶさは、2003年に打ち上げられてから2年かけて小惑星イトカワに到着し、その表面のサンプルを採集した。その後また2年かけて地球に戻ってくる予定だったが、途中でトラブルに見舞われ、一時は行方不明になりながらも、2010年になんとか地球に帰還した。ボロボロになって往復60億kmの旅を完遂し、サンプル容器を地上に送り届けた。その任務をまっとうすると、最後に本体は大気圏で燃え尽き、華々しく散っていった。まさに日本人の心の琴

図1-8 はやぶさの着陸想像図　　　　　　出典：池下章裕/JAXA・ISAS

線に触れるような話だ。

　はやぶさの飛行軌道もまた、ニュートンの運動法則を使って綿密な計算の上に計画されたものだ。途中で軌道がずれれば軌道計算をやり直し、適切な方向へ向ける。それで60億kmもの距離を正確に進むことができるのだから、運動法則の正確さたるや、驚くべきものがある。はやぶさブームのなかではとりたてて話題にもならなかったが、物理学の運動法則が正確無比であることもまた、その感動を裏で支えていたのである。物理の法則というと人間離れしている印象があるかもしれないが、実際にはすべてにわたって人間世界を根底から支えているのだ。

7 星までの距離

　現代人にとって、天上の世界が地上の世界と連続的につながっているというのは常識だ。天上の世界も地上の世界も1つの巨大な宇宙の中にあって、どちらにも同じ物理の法則が成り立つ。

　ところで、天上の世界として目に見えている星空というのは、宇宙全体からすれば、太陽系付近のごく一部にすぎない。遠方にはもっとたくさんの星々や、さらに多様な天体が存在しているのだが、暗すぎて目には見えない。

図1-9　太陽からもっとも近くにある恒星、プロキシマ・ケンタウリ

出典：ESA/Hubble＆NASA

それでも、肉眼で見える星までの距離は、日常的な感覚からは考えられないほど遠い。これらの星々から光が出発して地球へ到着するまでに、光の速さで数十年から数千年ほどもかかるような距離にあるのだ。日常で使う単位でいえば、数百兆kmから数京kmといった、とんでもない数になる。それが人間にとっては巨大すぎる距離であっても、宇宙全体から見れば微小ともいえる距離なのである。

太陽系のもっとも近くにある恒星は、プロキシマ・ケンタウリという星で、約40兆kmものかなたにある。光の速さでも4年以上かかる距離だ。一方、太陽の直径は約140万kmで、地球の直径の約110倍だ。太陽からプロキシマ・ケンタウリまでの距離は、太陽直径の3000万倍弱、言い換えると地球直径の30億倍ほどもある。

8 太陽が直径10cmのソフトボールだったら

あまりにも距離が巨大なので、太陽を直径10cmのソフトボールだとしてみよう。10cmの3000万倍は、3000kmだ。いま読者が日本のどこかにいるとして、手に持っているソフトボールを太陽だとすると、プロキシマ・ケンタウリはタイ王国のどこかにおいてある直径1.5cmのビー玉に相当する。これはいちばん近くにある恒星だが、夜空に見えている星々の多くは、それよりさらに何百倍も遠くにある。

こんな想像を絶するような距離が、宇宙の中ではほんの微小な距離なのだ。夜空に見える星々は、天の川銀河系の中でも太陽のごく近くにある星にかぎられ、天の川銀河系の大きさは光

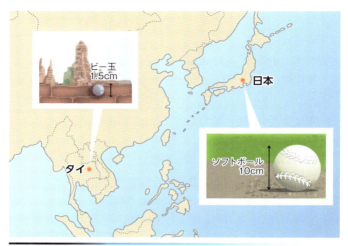

図1-10 太陽が直径10cmとすれば、太陽にいちばん近い恒星はタイ王国のどこかにあるビー玉に相当する

の速さで進んでも10万年かかるような距離（つまり直径が10万光年ほど）もある。実際、天の川として見える光の帯は、何万光年もかなたにある無数の星々の光がいっしょになって見えている姿なのだ。上と同じように太陽を10cmのソフトボールの大きさに縮めたとしても、銀河系の大きさは7000万kmほどになり、月までの距離を200倍したほどにもなってしまう。宇宙は頭がくらくらするほど広い。

無数の銀河が宇宙に構造をつくっている

　気が遠くなるほど大きい天の川銀河系もまた、宇宙の中ではまだまだ微小な存在だ。宇宙にはほかにも無数の銀河がある。

図1-11 宇宙の階層構造

出典:NASA、SDSS

銀河は宇宙空間の中に一様にばらまかれているわけではない。銀河が密集して存在する「銀河団」、「超銀河団」と呼ばれる場所や、逆に銀河がほとんど見られない「ボイド」と呼ばれる空虚な場所もある。それらのサイズは大きければ数億光年にも達する。天の川銀河系の大きさのさらに千倍以上だ。銀河の空間的な分布を大きく見ると、全体として複雑な構造をしている。

　数億光年という大きなスケールに見られる複雑な構造を「宇宙の大規模構造」と呼ぶ。実際に観測された大規模構造の様子が、図1-12である。これは、スローン・ディジタル・スカイ・サーベイ（SDSS）というプロジェクトによって得られた多数の銀河の空間分布を表している。SDSSは百数十人以上が参加した国際的な観測プロジェクトであり、筆者も理論的な解析に参加していた。中心部に天の川銀河が位置していて、細かな点1つひとつがほかの銀河だ。一見してなにもないように見える方向

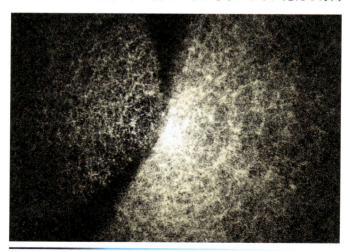

図1-12　宇宙の大規模構造（SDSS）　　　　　出典：SDSS、4D2U Project、NAOJ

は、観測がされていない部分であり、また、遠方に行くほど銀河の数が少なくなるのは、遠方の暗い銀河が観測されていないためである。実際には、私たちの周りと同じような構造が全空間に広がっていると考えられる。

10 宇宙の泡構造

巨大な宇宙空間に、銀河がある場所とない場所が複雑な構造をもって広がっている様子は、多数の泡の様子にたとえられて、「宇宙の泡構造」とも呼ばれている。せっけん水にストローを入れて息を吹き込むと、ブクブクと泡が盛り上がってくる。シャボン玉がたくさんくっついた状態だ（**図 1-13**）。空気で満たされた泡の中が大規模構造のボイドに対応し、その周りにある

図 1-13　せっけん水でつくった泡構造　　出典：2011～2015 Quinnphotostock

膜の部分が銀河のある場所に対応する。実際の大規模構造はもう少しぼんやりとしていて、これほどくっきりとした泡のようになっているわけではないが、おおまかな形としては似たもの

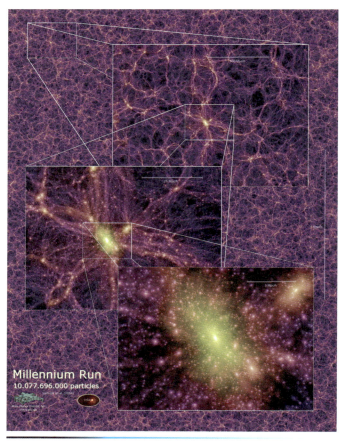

図1-14: シミュレーションによってできた宇宙構造。小さなスケールに豊富な構造があっても、大きなスケールで見れば特に目立った構造はない

出典：The Millennium Simulation Project、MPA

になっている。

　この構造を見ると、泡と泡を隔てるところには面があり、また面が3つ交わるところには線がある。さらに、線が4つ交わるところには点があることがわかるだろう。宇宙の大規模構造においても同様に、銀河が面状や線状に分布している場所が見られ、銀河分布のシート型構造、フィラメント型構造などと呼ばれている。また、面や線が交わる点に対応する場所は、銀河が特に多く密集する場所になっていて、大きめの銀河団や超銀河団に対応している。

11 超大スケールには目立った構造が見られない

　このように、宇宙に存在する無数の銀河の空間分布は、複雑な形状をした大規模構造をつくっている。大規模構造の典型的な大きさは数億光年だが、では、さらにそれを超えるようなスケールにもなにか構造があるのだろうか。いまのところ、それより大きなスケールには、特に目立った構造は見つかっていない。つまり、数億光年よりも大きな視点で宇宙を見れば、どこも同じような構造が続いていると考えられている。

　事実、大きなスケールで見た宇宙がどこも同じような姿をしていることは、観測的にも確かめられている。**図1-15**は地球から見て半径が約450億光年の場所からやってきた電波の観測だ。この電波は、約138億年前に放出された。電波が旅をしているうちに宇宙は膨張して大きくなるため、この電波が放出された場所は、現在約450億光年離れている。この電波を宇宙マイクロ波背景放射といい、ある意味で約138億年前の宇宙の姿

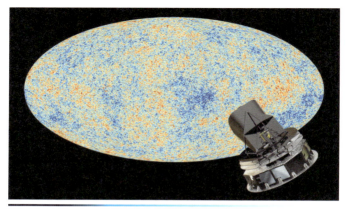

図1-15 宇宙マイクロ波背景放射の温度ゆらぎ。観測衛星Planckによる
出典：ESA and the Planck Collaboration - D. Ducros

を示しているといえる。その当時の宇宙の温度が、電波の方向ごとに色で示されている。図の赤い場所と青い場所は、ほんのわずかに温度が高いところと低いところを表しているが、その違いは最大でもわずか1万分の1程度にすぎない。つまり、宇宙はこの範囲でどこも同じような状態にあるといえる。ただし、温度が完全に同じであれば、この宇宙に大規模構造のようなものがつくられないし、星や銀河もつくられず、私たちが存在することもない。宇宙マイクロ波背景放射には微妙な温度のゆらぎが見られることも必要であり、実際にそうなのである。

観測可能な宇宙を超えた先

　宇宙マイクロ波背景放射は、人間が電波や光で観測できる最大の半径からやってくる。それよりも大きな範囲の宇宙は観測

不可能なのだ。この半径よりも向こう側からやってくる電波や光は、まだ地球に届いていない。私たちに観測可能な範囲全体にわたって、大規模構造より大きなスケールでは宇宙がどこも同じような姿をしている。

人間に観測可能な宇宙の範囲はかぎられている。この範囲を超えたスケールにもある程度は同じような構造の宇宙が続いているだろうという予想は成り立つが、さらに何千倍も先に行っても同じようになっているのか、確実なことをいうことはできない。それは、観測可能な範囲を超えたこの宇宙全体がなにものなのかという、根源的な問題と切っても切れない関係にある。

どんなに観測技術が進んでも、宇宙を無限の遠方まで観測することは不可能だ。宇宙には超えられない壁があるのだ。宇宙

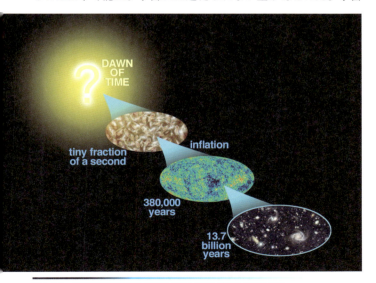

図1-16　観測可能な宇宙を超えた先にはなにがあるのだろうか
出典：NASA/WMAP Science Team

自体の大きさが有限か無限かにかかわらず、私たちに観測できる宇宙の範囲はかぎられている。宇宙自体の起源を知ろうと思えば、観測可能な範囲を超えた宇宙全体について知る必要がある。かぎられた範囲の宇宙を徹底的に調べつくすことにより、その範囲を超えた宇宙について知ることができるだろうか。

宇宙の地平線

宇宙マイクロ波背景放射のところより遠方の宇宙がどうなっ

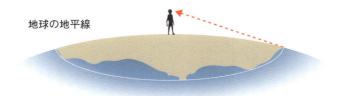

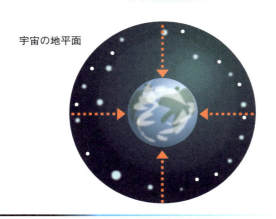

図1-17　地球上の地平線と宇宙の地平面

ているのか、電波や光で様子を探ることはできない。宇宙マイクロ波背景放射が発生したのは、現在の宇宙年齢から見れば宇宙が始まったばかりともいえる時期であり、宇宙年齢のほとんどの時間を使って、ようやく届いた電波なのだ。したがって、それより向こう側の宇宙がどうなっているかを知るためには、光よりも速い通信手段がなければならない。

ところが、光より速い速度で情報が伝わることは、物理法則として禁じられている。光や電波以外の手段が使えたとしても、宇宙年齢をすべて使って届く距離、半径にして約460億光年よりも向こう側の宇宙がどうなっているのか、残念ながら現在の私たちには直接観察することができないのだ。

したがって、現在の私たちが理論的に観察可能な約460億光年という半径は、ある意味では宇宙の果てを表しているものと考えられる。それよりも向こう側がどうしても見えないというのは、地球上で地平線よりも向こう側にある地面や海が見えないというのに似ている。宇宙の場合は地平線というよりも地平面というべきだ。その面よりも向こう側が、現在の私たちには知りえない領域になっているのだ。

14 観測できる宇宙の外側とは

直接観察できないとしても、宇宙の地平面の向こう側にも宇宙が広がっていると考えるのは自然だ。さらに未来になれば、それより向こう側からやってくる光もいずれ地球に到着するだろう。いまから1年後には、いまよりも約4光年だけ先の宇宙が見えるようになる。約460億光年という巨大な半径に比べれば、

4光年などは取るに足りないが、何十億年も待っていれば、現在よりも見える範囲がかなり広がっている。

　つまり、現在見えている宇宙の限界、すなわち宇宙の地平面は私たちにとっての一応の果てなのだが、宇宙の本当の果てだとは思えない。その先にも宇宙が続いているはずだからだ。そして、見えている宇宙の外側、つまり宇宙の地平面の向こう側にも、私たちの宇宙と同じように星や銀河があり、大規模構造が続いている、と考えざるを得ない。たとえ現在の私たちにそれを確かめることができなくても。

　宇宙の地平面の内側、つまり私たちのいる太陽系を中心とした半径約460億光年の球の内部は、大きなスケールで見ればどこも同じような姿をしていると述べた。そして、その外側にもある程度は同じような姿が続いているのだろう。だが、そうした姿がずっと先まで無限に続いているのだろうか。自分の周りがそうだから、ほかの場所もすべて同じはずだ、と結論づけたくなるかもしれない。だがそれは、狭い視野を一般化しすぎるという人間の陥りやすい傾向でもある。

15 自分の周りの状況がずっと続いているとはかぎらない

　海の真ん中にいる船の上から景色を見渡すと、360度どちらを向いても地平線が見える。だから、地平線の向こう側にもずっと同じように海が続いているだろう、と考えるのは自然な思考である。実際、ある程度はそのとおりだ。しかし、海は無限に続いているわけではない。地平線のずっと向こう側に行けば、いずれ陸地になってしまうのだ。

第1章 宇宙という不可思議な存在

図1-18 自分の周りが海ばかりだからといって、海が永遠に続いているわけではない。宇宙も同様？

　宇宙も同じように考えれば、地平面の外側にも同じような宇宙が続いているのだろう。だが、地平面までの半径である460億光年をはるかに上回る距離、たとえば何千兆光年などという距離の先もそうなっているだろうと考えるのは、あまりに単純すぎる。そういうはるかかなたの場所まで私たちのいる宇宙の姿と同じだという保証はまったくないのだ。とはいえ、観測可能な宇宙の範囲を説明しようとする実地的な目的にかぎれば、見える範囲の何万倍というような遠方の宇宙の状態について、思い悩む必要はない。だが、この宇宙の起源だとか、宇宙全体とはどういうものなのかという根源的な疑問の答えを求めるならば、そうした観測不可能な範囲の宇宙がどうなっているのかという疑問にも同時に答えなければならないはずだ。

16 宇宙は変化するもの

　ここまで宇宙の空間的な広がりを見てきた。少なくとも私たちの周りの宇宙は大きなスケールで見れば同じような姿が続いているのであった。次に、本書の本題でもある、宇宙の時間的な広がりに目を向けてみよう。まず、宇宙は時間的に同じ姿を保ち続ける存在ではない。宇宙はビッグバンで始まったということは、もはや常識ともいえるほど社会に浸透しているので、そんなことはあたり前だと思う読者も多いかもしれない。

　しかし、宇宙が無限の過去から無限の未来へと続く永遠の存在だという考え方のほうが、歴史的には主流だった。先でも述べたように、人間は自分の周りで起きていることを一般化したがる。現在の宇宙の状態が過去にも未来にもずっと同じようにつながっている、と考えるのが人間の習性なのだ。局所的にはいろいろと変化があっても、宇宙を大きく見れば同じ姿を保ち続けるだろうというのだ。確かに、過去の数億年程度であれば宇宙全体として大きな変化はなかったし、未来についてもそうであろう。だが、そのことをずっと過去の宇宙やずっと未来の宇宙にまで一般化するのは誤りだった。

17 宇宙は膨張している

ビッグバン理論とは、宇宙が膨張しているという事実をもとにして、宇宙の始まりの状態を推論する枠組みである。宇宙の膨張とは、空間が膨張していることを意味している。なにもない空間が膨張するというのは日常的に経験できないことなので、そのようなことを考えたことのない人には、なかなかわかりにくいかもしれない。時間や空間というのは、それ自体が伸び縮みするものなのだ。宇宙空間には銀河が無数にあり、空間が膨張することで銀河間の距離がすべて大きくなる。このとき、固定された空間中でお互いに遠ざかる運動をしているわけではない。銀河の間に横たわっている空間自体が膨張しているのだ。

また、よくある誤解なのだが、銀河自体やその中にある星や惑星は大きくなっているわけではない。おおむね銀河団よりも

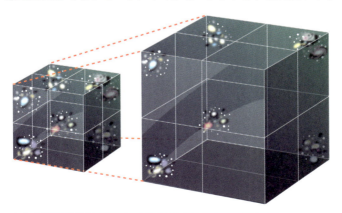

図1-19 宇宙の膨張とは、空間そのものが膨張すること
参考：The History of the Universe: From Big Bang to Big Blah Scientific American

小さな構造は宇宙膨張とは切り離され、大きさは変化しない。こうした天体は自分自身の重力でまとまっているため、宇宙空間の膨張に引きずられることがないのだ。一方、十分遠方にある銀河同士に働く重力は弱く、宇宙空間の膨張に引きずられて離れていくのである。

　宇宙空間が膨張すると、どの場所から見ても自分の周りにある銀河が自分から遠ざかっていくように見える。しかもその遠ざかる速さが自分からの距離に比例して、遠いものほど速く遠ざかるように見えるのだ。つまり、宇宙空間のどこにいようとも、自分を中心にして宇宙が広がっていくように見える。膨張する宇宙には特別な場所がないのだ。

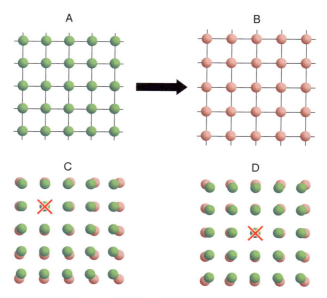

図1-20　宇宙空間が膨張すると、どこから見ても自分を中心にしてすべてが遠ざかっていくように見える

このことは、図1-20を見るとわかりやすい。AからBのように宇宙空間が広がったとしよう。Cの×印のついた点から見ても、Dの×印の点から見ても、どちらも自分を中心にしてすべてが遠ざかっていくように見える。

18 昔の宇宙が小さいとはどういうことか

　宇宙が膨張しているということは、過去の宇宙はもっと小さかったことになる。ただし、小さいといっても宇宙には実質的な果てというものがない、あるいは知られていないのだから、宇宙全体の大きさというものは知りようがない。それでは、なにを根拠に大きいとか小さいとかいうのだろうか。それに答えるには、宇宙膨張というのが空間の膨張であったことを思いだす必要がある。遠くにある銀河同士の距離は、空間が膨張することで増えていくのだった。すると、その銀河同士の距離が現在の半分だったときには、宇宙の全体の大きさも半分だったと考えられる。空間が膨張するとき、宇宙の中でどの2つの銀河を取ってき

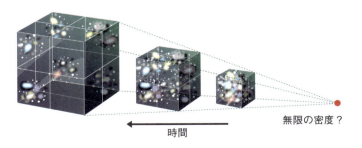

図1-21　時間をさかのぼると約138億年前の宇宙の大きさが無限に小さくなる

ても、その距離は宇宙全体で同じ割合で増えていくからだ。

　このことから、宇宙がいまの半分の大きさだった過去には、いまある銀河間の距離が現在の半分だったということになる。こうして、過去の宇宙は銀河が現在よりも狭い場所に密集していた。時間をさらにさかのぼっていくと、いまから約138億年前には、いま見えている範囲の宇宙の大きさが理論的にゼロになってしまう。つまり、無限に小さなところに有限の量の物質が存在していた。これを文字どおり受け止めれば、物質の密度が無限大だったということになる。もちろん、無限に小さくなるまで時間をさかのぼっていくと、私たちが正しいと知っている物理法則が成り立たない領域に入っていく可能性がある。このため、本当の宇宙の始まりが大きさゼロの宇宙かどうかは定かではないのだが、いずれにしてもこの宇宙は非常に小さく、密度が極限的に濃い状態から始まったと推論できるのだ。ただし、この推論において、宇宙の始まりは原因不明である。

19 定常宇宙論の抵抗

　宇宙が膨張している事実をすなおに受け止めれば、上に述べたように、宇宙には原因不明の始まりがあると考えられる。だが、原因不明の始まりに不快感を覚えた人々もいた。膨張の事実を認めながらも、宇宙は全体として永遠に同じ姿で存在し続けるという理論を編みだした人たちがいたのだ。ビッグバン理論に反対するこの理論を定常宇宙論という。

　宇宙が膨張すれば、その中にある銀河はどんどんまばらになっていくため、そのままでは宇宙を同じ姿にとどめておくこと

はできない。そこで、空間が膨張しても銀河の数がまばらにならないよう、星や銀河をつくるための物質が真空の空間から常に生みだされていると考えた。

なにもない真空の空間から物質が生まれるしくみは不明だったが、原因不明の宇宙の始まりを考えるよりは魅力的な考えであったため、定常宇宙論は一時期とても人気があった。人間は、永遠の存在に憧れのようなものをもつものらしい。

だが、ビッグバン理論と定常宇宙論の論争は観測の進歩によって決着がついた。致命的だったのは、宇宙マイクロ波背景放射の存在だ。それは、宇宙全体の物質密度が大きく、温度の高い状態のときにつくられた光が私たちに届いたものなのだ。実際に見つけられる以前からビッグバン理論はその存在を予言していた。一方、定常宇宙論では説明が難しい。定常宇宙論の支持者たちも、しぶしぶながらビッグバン理論の正しさを認めざるを得なくなった。

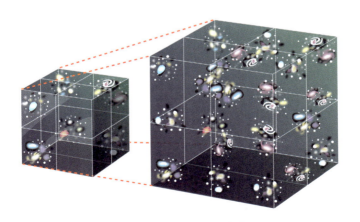

図1-22 定常宇宙論の考え方

時空間の性質を解き明かす一般相対性理論

　ビッグバン理論が正しいとなれば、宇宙の始まりについて目をそらすわけにはいかなくなる。だが、宇宙が始まる瞬間を直接見ることはできないし、あまりに物質が狭いところに押し込められているため、そうした極限状態の宇宙がどういう物理法則にしたがうのか判然としない。このため、宇宙の始まりを探ることは、極限的な物理の法則を探ることにつながり、物理学研究の最先端を行く分野となっているのだ。

　始まりの瞬間を別にすると、すでに存在している宇宙全体がどのように振る舞っているのかを教えてくれる強力な物理の理論がある。それが「一般相対性理論」だ。20世紀を代表する天才とも呼ばれる物理学者、アインシュタインによってつくられた。一般相対性理論は重力に関する理論で、ニュートンの万有引力の法則を時空間の性質によって説明する。

　万有引力の法則では、物体同士の間に直接的な引力が働くものとされる。その理由についてはなにも述べていない。地上の物体が重力によって下に落下する理由は、地球が物体を直接引っぱるからだと説明される。

　ところが、一般相対性理論では、物体同士に直接引力が働くのではない。そのかわりに、物体はその周りにある時空間をゆがめる。ゆがんだ時空間に置かれた物体は、静止していることができず、その結果として物体同士の間に引力が働いているように見える。時空間のゆがみと物体の関係は、「アインシュタイン方程式」という数学的な方程式によって記述される。

　一般相対性理論は、万有引力の法則を説明するだけではない。

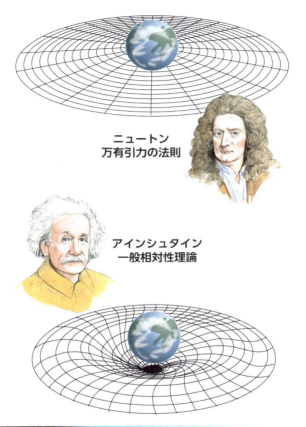

図1-23 一般相対性理論は万有引力の法則を時空間の歪みで説明する

地球上よりもはるかに強い重力をもつ星など、万有引力の法則では説明できないような状況にも対応できる。精密な実験によって、そのような状況では一般相対性理論が正しいことも確かめられている。

21 ブラックホールも一般相対性理論の予言

　重力の強くなりすぎた星がブラックホールになるというのも、一般相対性理論の予言だ。ブラックホールとは、あまりに強い重力のために時空間が極端にゆがみ、その結果として光すらもそこから逃れられなくなってしまった状態のことである。光が逃れられないと、どんな情報もそこからでてくることがなく、原理的にブラックホールの本体を直接観察することはできない。

　ブラックホールは最初、単なる理論的な産物であって、現実には存在しないのではないかと考えられたこともあった。一般相対性理論の創始者であるアインシュタイン自身も、ブラックホールは存在しないだろうと考えていた。

　ブラックホール自体を直接観測することはできないが、そのあまりにも強い重力は、周りにある天体や物質に大きな影響をおよぼす。このため、ブラックホールがあれば、その周囲の環境を調べることによって間接的にその存在を垣間見ることができる。

　こうして現在では、ブラックホールの存在を強く指し示していると信じられる現象が数多く見つかっている。たとえば、**図1-24**は天の川銀河系の中心部分を運動する星を約20年にわたって観測し、その軌跡を描いたものだ。実際に観測した星の位置が点で表されていて、そこから導かれた軌道が線で描かれている。図の中心部には天体が見られないが、すべての星がその周りで楕円軌道を描いているので、光り輝くことのない超巨大なブラックホールがそこに存在していると考えられる。私たちの天の川銀河系だけでなく、ほかの銀河系の多くがその中心部に超巨大なブラックホールを携えていると考えられている。

また、ブラックホールの近くに星があると、星からブラックホールへとガス状の物質が流入してくる。図1-25はその想像図である。物質はすぐにブラックホールに落ちることはなく、その周りに円盤をつくって回転運動をする。あまりに強い重力と摩擦熱により、物質は高温になって明るく輝く。さらに、回転軸方向にジェット状の強力なエネルギーが放出される。このように、ブラックホール自体は見えなくても、そこにブラックホールがないと説明できない現象が実際に数多く観測されている。

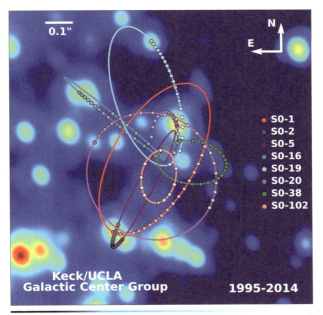

図1-24　天の川銀河系の中心部における星の運動。中心部にある超巨大ブラックホールの周りを回転している
出典：UCLA Galactic Center Group、W.M.Keck Observatory Laser Team

図1-25 ブラックホールの周りにある物質は、強力なエネルギーを放出してその存在を私たちに教えてくれる

宇宙の運命は宇宙にある エネルギーで決定される

　ブラックホールに代表されるように、一般相対性理論は極限的な状況も含めて、重力が関わる現象を説明する強力な理論だ。宇宙の膨張というのも、広い意味での重力現象なので、宇宙が

第1章 宇宙という不可思議な存在

出典:NASA、CXC、M.Weiss

これまでどのように膨張してきたか、これからどのように膨張していくのか、ということを調べるのに一般相対性理論が欠かせない。

一般相対性理論の本質は、エネルギーと時空間が関係しているということにある。宇宙の中に含まれているエネルギーがどのようなものであるかによって、宇宙全体の性質が決まる。過

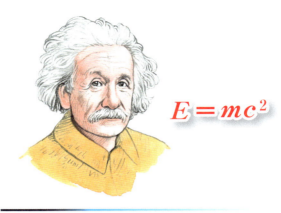

図1-26 重さのある物体はすべて質量エネルギーをもっている。質量 m の物体の質量エネルギーは $E = mc^2$ で与えられる。c は光の速さで大きな数となるため、わずかな質量でも莫大なエネルギーになる

去から未来へ向かって宇宙がどう変化するのかは、私たちの宇宙の中にあるエネルギーの性質にかかっている。

　私たちの目に見えるあらゆる現象には、エネルギーがともなっている。読者の目の前には、この本をはじめとして、いろいろな物体が見えるだろう。それら1つひとつがエネルギーをもっている。物理を習った読者であれば、物体が動いていると運動エネルギーをもち、高いところにもち上げられると位置エネルギーをもつ、ということを知っているはずだ。だが、物体のもつエネルギーは、それらよりもはるかに大きい。なぜなら、そのほかに質量エネルギーというものがあるからだ。

　質量エネルギーの存在は、アインシュタインの相対性理論によって導かれた。質量エネルギーの量は莫大で、1グラムの物質に相当する質量エネルギーを電力量に直せば約2000万kWh

にもなり、平均的な世帯の電力を5000年分ほどもまかなえるほどの量になる。1キログラムならその千倍だ。

質量エネルギーと原子力発電

　質量をもつ物質は、すべてその質量に比例したエネルギーをもっている。日常生活の中で、この質量エネルギーというものを実感することはないだろう。なぜなら、私たちの生活の中で物質の質量が目に見えてエネルギーに変換されるような状況はないからだ。だが、極限的な状況では物質の質量が減って、そのぶんのエネルギーが取りだされることがある。

　たとえば原子力発電がそうだ。原子力発電では、原子核分裂

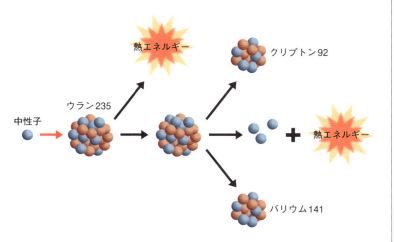

図1-27　原子力発電所の原子炉で起きている原子核反応の例

という現象を利用して発電している。ウラン235という物質が2つの別の原子核に分裂すると、分裂前と分裂後では合計の質量が約0.1%ほど減ってしまう。化学反応では質量が変化しないと習ったはずだが、原子核の反応では質量が変化してしまうのだ。

ただし、エネルギーの総量はどんな反応においても変化しない。質量が減ってしまったら、それに対応する質量エネルギーも減ってしまうのだが、そのぶんだけ熱エネルギーが生まれる。その熱エネルギーを使って水を沸騰させ、蒸気の力で発電機を回して電力にするのが、原子力発電の原理だ。つまり、原子力発電所はウラン235の質量エネルギーの一部を電気エネルギーに変えるための巨大な装置である。

ダークマターとダークエネルギー

宇宙にある質量で目立つものといえば、星や惑星がすぐに思い浮かぶ。これらの天体は、私たちの身の回りにあるような通常の物質、つまり多様な元素からできている。だが、これらの質量は宇宙全体にある質量のごく一部でしかないことがわかってきた。宇宙には、目に見える天体のほかに大量の目に見えない物質が充満しているのである。その一部はガス状になった光らない元素だが、大部分は私たちの知っている元素ではないことがわかっている。これを「ダークマター」と呼ぶが、その正体はいまだにわかっていない。

正体不明にもかかわらず、宇宙の観測結果を分析すると、なんらかの物質が宇宙空間に大量に存在していることは確実だ。

ダークマターはほかの天体に重力をおよぼすため、目に見える天体を精密に調べることによって、どこにどれだけのダークマターが存在しているのかを間接的に知ることができる(くわしくは第3章で述べる)。宇宙全体で見ると、ダークマターは通常の物質の5倍以上も存在していることがわかっている。

物質は運動エネルギーや位置エネルギーなどをもつが、宇宙全体においてそれらは質量エネルギーに比べると微々たるものだ。したがって、宇宙にある物質のもつ総エネルギーは、その質量エネルギーを足し合わせたものにほぼ等しい。だが、宇宙にあるエネルギーの内訳は、通常の物質とダークマターのもつエネルギーだけではない。第3のエネルギー成分があったのだ。しかも、この第3の成分がもっとも多く、宇宙全体のエネルギー量の2/3以上を占めている。これを「ダークエネルギー」という。

ダークエネルギーもまた、ダークマターと同様に正体不明だ。

図1-28　宇宙全体のエネルギー内訳

ダークエネルギーの存在は、ダークマターよりもさらに間接的にしかうかがいしれない。ダークマターは宇宙空間で群れ集まる性質をもつが、ダークエネルギーは宇宙全体に薄く一様に広がっている。このため、その存在を示すためには非常に広い範囲の宇宙観測が必要だった。

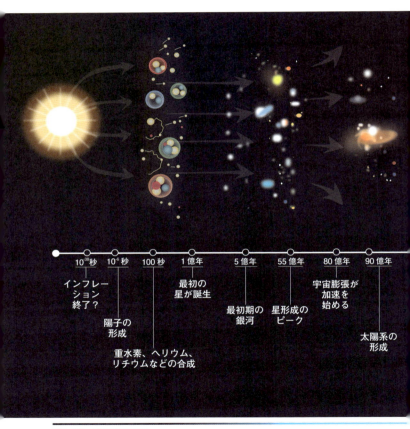

図1-29 宇宙の時系列

宇宙の時系列

　宇宙のエネルギー内わけが特定できれば、宇宙の運命がそこからわかる。ダークマターとダークエネルギーが正体不明だと

いう不定性があることは事実だが、これらの成分が現在と同じような性質を将来も保つのであれば、将来の宇宙を予見することもある程度は可能だ。おそらく、今後数十億年〜数百億年程度であれば、これらの成分の性質が大きく変化することはないだろう。これまでの宇宙でなにが起きたのか、そして今後はなにが起きそうなのか、おおまかに時系列をまとめると図1-29のようになる。次章以降で、この時系列に関するくわしい内容や、さらにこれを拡張するときどういう可能性が考えられるか、などを説明していく。

SECTION 2

宇宙の始まり

1 宇宙は138億年前に始まった

　宇宙はいつ始まったのか。その科学的な答えは、現在からさかのぼること約138億年前である。もう少し科学的な数値表現をすれば、$(1.3799 \pm 0.0021) \times 10^{10}$年前となる。ただし、誤差は68％の確率でこの範囲に収まることを意味する。答えだけを聞いても、なぜこんな細かい数値まで断言できるのかといぶかしがるかもしれない。科学的な宇宙論の研究は数百年以上の歴史をもっているが、宇宙の年齢がここまで正確に明らかになったのは21世紀になってからだ。

　それまでは、宇宙に始まりがあるとわかっていても、その推定年齢には大きな幅があった。最初は数十億年から数百億年という大ざっぱなことしかわかっていなかったし、20世紀終わりごろになっても、100億年から150億年前後という見積もりしか得られていなかった。それが、急激な宇宙観測の進歩により、有効数字3桁以上の精度で宇宙年齢がわかるようになったのだ。

　138億年という年月がどれほどのものかを実感するのは難しい。数字だけ聞くと、天文学的な数字としてはそれほど大きくないようにも思える。たとえば、銀河系の大きさを日常的な単位のキロメートルで表そうとすると、100京km（10^{18}km）というとてつもない数になる。それに比べれば、138億という数字はかなり小さくも思える。これが個人のもつ金額だとするとかなりの金持ちだが、少し大きめの会社であればこれくらいの売上金はあるだろう。

　だが、138億という量を想像できるだろうか。1年を1円の厚みである1.5mmとしてみよう。138億円分の1円玉を積み重ね

ていくと約2万kmにもなる。これはちょうど地球を半周する距離で、北極から赤道を通過して南極に到達する。つまり、1年に1.5mmだけしか動かない極端に遅い歩みでも、138億年経てば地球を半周してしまうほどの時間なのだ。ちなみに、同じスケールでは人間の一生は10〜15cm程度でしかない。

このように想像すると、138億年というのは途方もない年月であることがわかる。だがそれは無限の時間ではなく、確かにかぎられた時間の間に宇宙が誕生して現在の姿になったのだ。

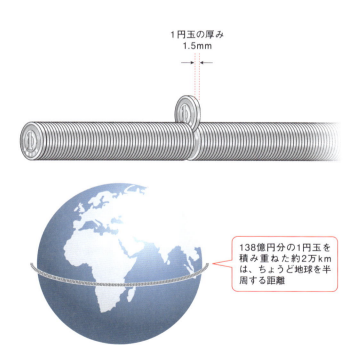

図2-1　1年が1円玉の厚さだとすると、宇宙年齢はちょうど地球半周分に相当する

宇宙の外には時間がない

　宇宙に始まりがあるならば、その原因を知りたくなる。なにがこの宇宙を始めたのだろうか。この宇宙が始まる前に原因があるはずだと考えると、それは終わりのない疑問になる。宇宙に始まる前があるならば、それは私たちの住む宇宙を超える存在だ。いわば超宇宙ともいうべきものがこの宇宙を始めたことになる。そうなると、疑問はまた逆戻りする。その超宇宙はいつ、どこで、どのように始まったのか？　さらに大きな超超宇宙から超宇宙が始まったのだろうか？　この疑問の連鎖はどこ

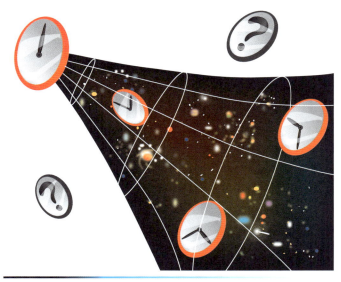

図2-2　宇宙の誕生とともに時間も始まった。宇宙の外には私たちが感じる時間が流れていない

までも続いていく。

　だが、このような考え方の背景には、時間が宇宙の外にまで伸びているという前提がある。実は、私たちが感じている時間というものは、私たちが住んでいるこの宇宙の内部にしかない。宇宙とは、時間と空間、物質が一体となった存在なので、その外側にまで同じように時間が連続的に伸びているわけではない。時間そのものが宇宙とともに始まった。たんに時間をさかのぼっていけば宇宙の始まりの原因が見つかるというわけではないのだ。宇宙の始まりの謎を解くには、時間そのものをつくりだす原因も明らかにしなければならないのである。

　宇宙の始まりという問題は、最先端の物理学理論をもってしても依然として難問だ。時間ができたり消えたりするような状況を記述できる確固とした理論が、いまだに知られていないのだ。そのような理論をつくりあげることは、物理学の究極の夢の1つでもある。一般相対性理論ができて時空間を物理学的に研究できるようになってからすでに100年近くも、多くの物理学者が挑み続け、さまざまな仮説が試みられてきた。だが、現実世界に対応する完全な理論はいまだに得られていない。こうした仮説は実験の手の届かない領域を相手にしているため、それが正しいかどうかを確かめる手段がないのである。

　つまり、宇宙の本当の始まりについて物理学的に確実なことはわかっていないのだ。だからといって、思考停止になる必要はない。不確実であるとはいえ、将来的に検証できるかもしれない仮説的理論を考えることは自由だ。宇宙の始まりについてのありえる可能性を推測し、将来的に可能になるかもしれない検証に備えることには意味があるだろう。困難の前にあきらめてしまってはなにも得られない。

3 量子的な宇宙の始まりとプランク時間

　現代の物理学者の多くは、宇宙が始まるとすれば「量子効果」としてではないかと考えている。現代物理学の範囲内では、なにもないところから宇宙をつくる可能性として、それがもっとも自然で有望なものに思えるからだ。ここで量子効果というのは、量子論という物理理論で説明される現象である。

　量子論にもとづく現象は、私たちの身の回りで経験できる現象からかなりかけ離れている。というのも、量子論が適用でき

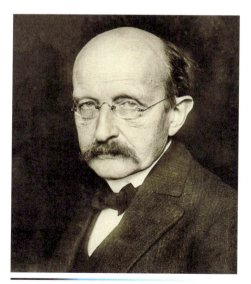

図2-3　ドイツの物理学者、マックス・プランク。量子論の創始者の1人で、量子論の父とも呼ばれる。無限に短い時間を考えることはできないことを指摘し、その最小単位としてプランク時間という概念を提案した

出典：Wikimedia

る世界は、人間から見てとても微小な世界であるためだ。人間の目で見ることのできない原子・分子の世界や、さらにそれよりも小さい世界は、物理の法則が人間の経験できる大きな世界とはずいぶん違っている。

　量子論は、微小な世界で顕著になるもので、現在の巨大な宇宙全体に目立つ効果としては現れない。だが、宇宙は膨張してここまで大きくなったのであって、時間を昔にさかのぼっていけば、いずれ量子論の無視できない時期に到達するはずだ。理論的には、宇宙の真の始まりから0.00000000000000000000000000000000000000000001秒（10^{-43}秒）の時点までさかのぼると、宇宙全体に対して量子論が無視できなくなると考えられている。この微小な時間のことを「プランク時間」という。つまり、プランク時間よりも短い時間は、量子論の原理を無視して語ることができないということだ。

　ただし、ここに大きな問題がある。現在のところ、時空間自体に矛盾なく量子論を当てはめられる完成された理論がないのである。プランク時間より前には宇宙全体に対して量子論を無視できなくなることがわかっているものの、具体的にそれがどういう効果なのかを教えてくれる確固とした理論がないということだ。

4　不完全な理論でもおおまかな推測はできる

　量子論は、微小な世界で実際に起きていることを説明する理論としてはほぼ完璧だ。時空間の中にある粒子や物質については十分に確かめられた正しい理論になっている。だが、これを

ひとたび時空間自体に当てはめようとした途端、理論的な整合性が失われてしまう。これが障害となって、時空間自体を量子論的につくりだして宇宙の始まりを表すような、確固とした理論がないのである。

とはいえ、不完全であることを承知のうえで、現状の理論を使っておおまかになにが起きていたのかを探る試みをするのも

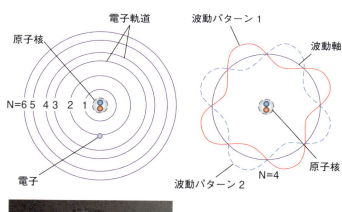

図2-4 ニールス・ボーアと彼の原子模型。原子核の周りにある電子を軌道上にゆらめく定常的な波動だと考えることで、実験事実を説明することができた
出典：Wikimedia

無意味ではない。実は量子論が理論的に完成する前、ニールス・ボーアという物理学者は、いまから見れば整合的とはいえない不完全な理論（前期量子論と呼ばれる）によって原子の性質を調べた。その結果、不完全ながらも原子のもつ一部の性質を正しく説明できたのだ。そしてそれは、より整合的な理論である量子論の建設に大きな足がかりとなった。

また、ブラックホールの正確な性質は20世紀初頭に一般相対性理論によって予言されたのだが、実はそれ以前の18世紀末に、ジョン・ミッチェルやピエール＝シモン・ラプラスという自然科学者が、ニュートンの万有引力の法則だけを使ってブラックホールの存在を予想している。当時はブラックホールという名前はなかったが、十分に重い星があれば、そこから光が逃れられないのではないかということを予想したのだ。

地球上から物体を投げて宇宙へ飛びださせるには、空気抵抗を無視するとき、その物体の質量にかかわらず最初に秒速11.2キロメートルの速度が必要であり、これを脱出速度という。重い星ほど、そこからの脱出速度が大きくなる。光が決まった速さ（約30万km/s）をもつという事実から、脱出速度が光速を超えるような十分に重い星からは、光でさえ逃れられないと考えられるのだ。ところが一方で、重さが厳密にゼロの粒子に万有引力は働かないことから、重さゼロの光の進路が曲げられることはないはずだ。この2つの結論は矛盾している。いまから考えれば、後者は万有引力の法則が完全な理論ではないことによる矛盾点で、一般相対性理論によれば重さのない光も重力によって曲げられる。だが、不完全な理論であっても光が逃れられないような天体、すなわちブラックホールがあるというおおまかな性質を導くことができたのだ。

ただし、上の例からもわかるように、不完全な理論からでてくる結論はしばしば自己矛盾しているので、それをどう解釈するかはひととおりでない。真実を見極めるには、どの部分が正しそうかを見いだす眼力とセンスが必要だ。実際になにが本当に正しいかは、完全な理論が見つかったあとになって最終的に判明する。だが、完全でない理論から推測していくことは、完全な理論を見つけるのに役に立つこともある。宇宙の本当の始まりを適切に表す完全な理論がない現在、私たちに最大限できることは完全でない理論から最善を尽くして推測することなのだ。

図2-5　脱出速度。地球の表面から物体を投げて宇宙へ脱出させるためには、最低限11.2km/sの速度を与えなければならない

量子ゆらぎとして宇宙が生まれる可能性

物理学者のエドワード・トライオンは、1960年代末ごろ、宇宙が量子論的なゆらぎから生成されたのではないかと考えた。それは当時の物理学者たちにとって、なにかの冗談かと思われたほど、突飛に聞こえたらしい。トライオンは同僚の研究者に笑われてヘコんでしまい、しばらくそれについて考えないようにしていたという。だが、1973年に「宇宙は真空のゆらぎか？」という題名の、2ページにも満たない短い論文を有名なイギリスの学術雑誌『ネイチャー』に発表した。

トライオンの考えは、量子論で知られている「真空のゆらぎ」

図2-6 量子論的な真空とは、仮想的な粒子ができたり消えたりしている空間である（イメージ）

出典：Jean-François Colonna, 1994-2015.、France Telecom R&D and CMAP (Centre de Mathématiques APpliquées) UMR CNRS 7641 / Ecole Polytechnique, 1994-2015.

という奇妙な現象にヒントを得たものだ。私たちの経験からすると、真空というのはなにもないたんなる空間のように見える。だが、量子論にもとづくと、真空とはそんな単純なものではない。真空とはあらゆる粒子が仮想的にできたり消えたりしている空間だと考えられるのだ。ここで仮想的という意味は、そのような粒子を直接的に観測することは決してできないということである。つまり、私たちが見ていないところでは、あらゆる出来事が仮想的に進行している、といってもよい。

もし読者が量子論について初耳ならば、こうした話はばかげているようにしか聞こえないかもしれない。あるいは、ついに科学者もファンタジーの世界に迷い込んでしまったのかと耳を疑うかもしれない。実際、量子論が完成したばかりのころは、科学者の間にも大きな戸惑いがあった。直感的に理解できる世界観とはあまりにも異なるからだ。だが、現実の世界が数学的に表される量子論に従っていることは、数多くの実験で十分に確かめられている。量子論の示す奇妙な世界は、確かにこの世界の現実を表しているのだ。

量子論的なゆらぎによって、なにもない真空にも粒子が仮想的にできたり消えたりしている。ただし、なにもない真空に本当の粒子が生まれてしまうと、エネルギーが保たれない。観測される実際の粒子についてはかならずエネルギーが保たれるので、この仮想的な粒子は観測されることなく短時間で消えてなくならなければならない。

このことは、量子論の不確定性関係というもので説明される。仮想的な粒子が存在できる時間Δtは、その粒子のもつエネルギーΔEの逆数にだいたい比例する。その比例定数はプランク定数$h=6.63\times 10^{-34}\,[\mathrm{m^2 kg/s}]$という非常に小さな値で与えられ、

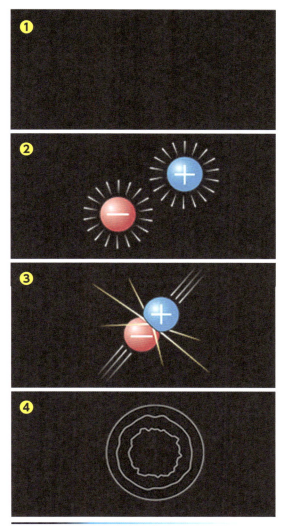

図 2-7 真空のゆらぎにより、粒子は仮想的にできたり消えたりを繰り返している

出典：HETDEX、Tim Jones

$\Delta t \sim h/\Delta E$という関係がある。ただし、〜という記号はおおまかに等しいことを表す。この逆比例関係が量子論的な不確定性関係の1つだ。人間が直接見たり触ったりできるほどの大きい物体はエネルギーΔEが大きく、それが仮想的に存在できる時間Δtはほぼゼロに等しい。したがって、大きな物体が量子効果で生まれたり消えたりすることは事実上ないのだ。だが、人間の目に見えないような微小な粒子ではエネルギーΔEも小さく、ある程度の時間は仮想的に存在できる。プランク定数hの値が非常に小さいために、量子論の効果はおおむね微小な世界でだけ顕著になる。

トライオンは、真空のゆらぎで仮想的な粒子が生まれるのと同様にして、宇宙も量子的なゆらぎとして生まれたのではないかと考えた。ただし、量子的なゆらぎであれば、不確定性関係によって、宇宙の存在時間がかぎられてしまうようにも思える。宇宙全体のエネルギーΔEの逆数にプランク定数をかけた時間$\Delta t \sim h/\Delta E$しか生き延びることができないのだから。

だが、量子ゆらぎとして生き延びる宇宙全体のエネルギーがゼロ、つまり$\Delta E = 0$であったらどうだろうか。ゼロの逆数は無限大だから、それにプランク定数をかけても無限大だ。このことから、宇宙が量子論的なゆらぎとして仮想的に生まれたのだとしても、十分に長い間生き延びることができるのではないかというのだ。

もちろん、宇宙の中にある通常の物質がもつエネルギーはすべてプラスの値で、ゼロにはなり得ない。だが、宇宙には重力のエネルギーがあり、それはマイナスの値をもっているのだ。物質のエネルギー量と重力のエネルギー量がちょうど釣り合っていれば、宇宙全体のエネルギーがゼロになっていてよい。実

物質エネルギー + 重力エネルギー＝0

図2-8 トライオンによれば、宇宙全体のエネルギーがゼロであるため、量子ゆらぎとして生まれた宇宙が長く生き延びられるという

際、有限で果てのない閉じた宇宙では確かにそうなることが示される。しかも、宇宙全体のエネルギーがゼロであれば、宇宙が生まれる前と後でエネルギーの総量が変化していない。こうして無から有が生まれることも可能だ、とトライオンは考えた。

量子トンネル効果で宇宙が生まれる可能性

　トライオンの説は、量子論的に宇宙が生まれる可能性について、おおまかなアイディアを述べたものにすぎない。量子的に宇宙が生まれる可能性を、もう少し具体的な物理学理論として考えたのが、無からの宇宙創世論を唱えた物理学者のアレクサンダー・ビレンキンだ。ビレンキンの理論によれば、「量子トンネル効果」という自然界に見られる現象が、宇宙の誕生に関わっているのだという。この量子トンネル効果も、日常的な経験からは想像もつかない、奇妙な量子論の性質だ。

　私たちの日常的な経験によると、ボールを箱の中に入れてお

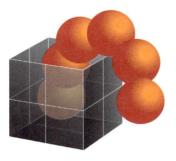
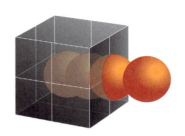

常識的な取りだし方　　　　　　　量子トンネル効果

図2-9 通常は箱の中のボールを取りだすために手で持ち上げなければならない。きわめて小さな箱と小さな粒子の場合、量子トンネル効果により、一定の確率で自然に外へでてきてしまう

けば、そこから手で取りださないかぎりボールは外へでてこない。ところが、きわめて小さな粒子と小さな箱を考えると、量子論の効果が顕著になり、箱の中に入れておいたはずの粒子がある一定の確率で自然と外へでてきてしまうのだ。箱の外から見ると、なにもなかった箱の外側に忽然とボールが出現したかのように見える。

　これが量子トンネル効果と呼ばれる現象だ。乗り越えられないはずの壁があっても、量子論の原理が働くと一定の確率で乗り越えられてしまうのだ。まるで壁に開いた仮想的なトンネルを通って外へでてきたかのようだが、実際にはそのようなトンネルはない。この奇妙な現象は、粒子が決まった位置をもたないという量子論の特異な性質による。

　粒子の位置を測定すれば、粒子の位置は1つに決めることができるのだが、それも一瞬のことであり、測定をしなければすぐにどこにあるのかわからなくなってしまう。粒子の位置がぼ

第2章 宇宙の始まり

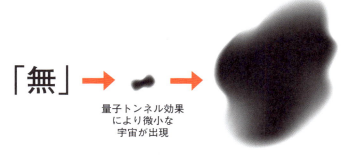

図2-10 ビレンキンによる、無からの宇宙創世論。時間も空間もない「無」から、量子トンネル効果によって宇宙が忽然と誕生する

んやりとしてしまうのである。箱の中に入っている粒子の位置も1つに決まらず、ぼんやりと広がっている。しかも、本来は壁で隔てられているはずの箱の外側にまで、位置のぼんやりぐあいが広がっているのだ。このため、エネルギー的には壁を乗り越えることができないはずにもかかわらず、あたかも壁がなかったかのように外側にでてくることができる。

　量子論は確率の世界だ。かならず外へでてくるというわけではない。壁が高ければ高いほど、量子トンネル効果が実際に起きる確率は小さくなる。だが、いくら小さな確率であってもいったん外へでてしまえば、あとは外で自由に移動できるようになる。ビレンキンは非常に簡単化した量子的な宇宙のモデルを考えて、量子トンネル効果により宇宙が誕生すると解釈できるような方程式の解を見つけた。それによると、まず宇宙の大きさがゼロの量子的な状態があり、そこから量子トンネル効果によって有限の大きさの宇宙が忽然と姿を現す。宇宙の大きさが

ゼロの量子的な状態がどういうものかを想像することは困難だが、量子論自体が直感に反したものだから、そうであっても無理はない。時間も空間もない状態ということから、ビレンキンはそれを「無」（nothing）と呼んだ。

ハートルとホーキングの提案

　ビレンキンの宇宙創世論では、大きさがゼロの宇宙を最初の量子状態と考えている。そこからの量子トンネル効果により、有限の大きさをもつ微小な宇宙が忽然と姿を現わす。だが実は、この最初の量子的状態の選び方は一通りではない。どのように最初の状態を選ぶかという条件を、数学や物理学の専門用語で「境界条件」という。いまの場合は宇宙の量子状態に対する境界条件だ。ビレンキンは上の境界条件がもっとも自然だと考えた。だが、物理学者ジェームス・ハートルとスティーブン・ホーキングは、ビレンキンとは別の境界条件を提案し、そちらのほうが自然だと考えたのである。

　ハートルとホーキングの提案は、量子論の経路積分法という計算手法にもとづいて、宇宙の初期状態を決めようというものだ。経路積分法は、独創的な物理学者リチャード・ファインマンによって開発された、それまでとは異なる量子論の見方である。

　量子論では一般に、物理的な量が不確定なゆらぎをもっている。たとえば、粒子の位置ははっきりと決まった値をもたず、確率的にぼんやりと広がっている。伝統的な量子論ではこうした状況を数学的な演算子によって表現するのだが、その構成方

法は抽象的だ。ファインマンは同じ結果を導くのにもっと直感的な見方が可能だと指摘した。粒子が取り得る経路をすべて考え、それを適切なやり方で全部足し合わせると、伝統的な量子論と同じ結果が得られるというのである。言い換えれば、ある時点における粒子の量子的な状態を決めるには、その粒子が取る歴史をすべて足し合わせればよい。

このファインマンの経路積分法にもとづいて、宇宙の始まりにおける状態を決めようとしたのが、ハートルとホーキングの提案だ。宇宙の状態を経路積分法で求めるには、その状態にいたる可能な宇宙の歴史をファインマンの処方によって足し合わせればよいことになる。ただし、足し合わせる宇宙の歴史として可能なものがなんであるかによってその答えは変わる。ハートルとホーキングの提案は、境界をもたない時空間の歴史だけ

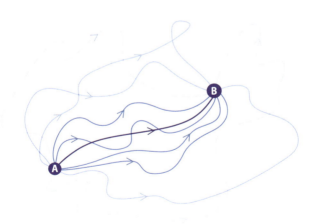

図2-11 ファインマンの経路積分法。A地点にある粒子がB地点に見つかる確率は、その間を結ぶすべての経路について数学的な方法により足し合わせることで求められる

を足し合わせるというものだ。空間が3次元の実際の宇宙の代わりに、空間が1次元しかない宇宙を考え、時空間が2次元の宇宙で考えると、図2-12に表されるようなものになる。宇宙は過去へ向かって球面のように閉じている。境界がない条件のことを「無境界・境界条件」と呼ぶ。

宇宙の境界とは、宇宙の内部と外部の境目である。それがないということは、宇宙の外部にあるなにものかが宇宙を始めたのではないことを意味する。宇宙はその外部とつながらず、自己完結している。この無境界・境界条件を満たす歴史を足し合わせて得られる量子的な状態が、宇宙の始まりを記述するのだという。

ただし、球面のように閉じた時空間においては、時間と空間

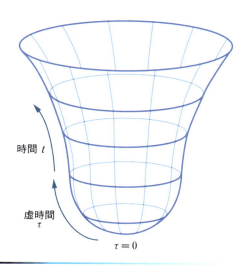

図2-12 境界をもたない1次元空間に対する、境界をもたない時空間の歴史

が平等な立場になっている必要がある。実際の時間と空間は異なる性質をもっているので、このままでは閉じた時空間が存在しないことになってしまう。そこで彼らは、時間変数を虚数だと考えることにより、この問題を回避した。虚数とは2乗するとマイナスになる数だ。虚数にした時間のことを「虚時間」と呼ぶ。数学的に虚時間は空間と同様の性質をもっている。こうして虚時間を用いるという数学的なトリックを使えば、過去へ向かって閉じた時空間がつくられるのだ。

　彼らの提案した境界条件は視覚的にもわかりやすく、また数学的な美しさももっている。とはいえ、彼らの境界条件や虚時間を用いた数学的トリックが正しいという保証はない。ハートルとホーキングもその点は承知していて、宇宙の始まりを表す自然な境界条件はなんだろうかという問題に1つの答えを「提案した」という立場だ。この提案が正しい答えを与えているかどうかは、実際の宇宙観測によって判断されるべきである。ただ、いまのところはそうした観測ができるわけではない。

　ビレンキンの理論やハートルとホーキングの理論によって、量子的な宇宙の始まりがどういうものでありえるのか、多少なりとも想像する手がかりが得られた。だが最初から述べているように、こうした考察が正しいことを証明するために必要な理論的な基礎は確立していない。矛盾なく時空間に量子論を適用するという問題が解決していないためだ。現段階では、彼らの見方がどの程度本当の宇宙の始まりに迫っているのかを判断することは時期尚早だ。宇宙が始まった本当の理由は、まだ闇に包まれている。それでも、物理学としてこの大きな謎に近づける望みがあることは、驚くべきことだし、そうした試みは今後とも止めるべきではないだろう。

宇宙のインフレーション

量子的に宇宙が生まれるとしても、その宇宙はとても小さい。量子論の効果は、ごく小さなスケールで顕著になるという性質があるからだ。理論モデルにもよるが、誕生する宇宙は少なくとも現在の宇宙のように広い範囲にわたって一様な性質をもつことはない。生まれたばかりの宇宙は、おおまかに0.00000000000000000000000000000000001メートル（10^{-35}m）程度のスケールでデコボコになっていると推測される。この微小な長さのスケールは「プランク長」と呼ばれ、プランク時間の間に光が移動できる距離に対応する。このようにデコボコした宇宙がそのまま現在の宇宙にまで膨張すると、現在の宇宙はもっとデコボコしたものになってしまう。現在観測される宇宙は大きなスケールで見るととても一様なものであり、このままでは現実と矛盾してしまう。

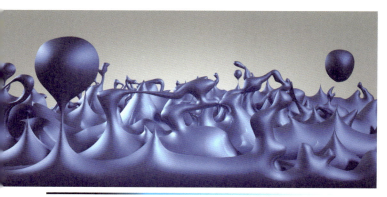

図2-13　生まれたばかりの宇宙はデコボコしていたはず　　出典：NASA/CXC/M.Weiss

このような矛盾を解決できるアイディアがある。物理学者の佐藤勝彦やアラン・グースらによって1980年代初頭に提唱されたインフレーション理論だ。もともとインフレーション理論が考えられた背景には、現在の宇宙膨張から逆算すると宇宙の初期状態が異常な精度で一様化されていなければならない、という謎があった。これは、量子的に宇宙が生まれるかどうかに関わらない問題だ。実際、ビレンキンやハートル、ホーキングの理論よりも先にインフレーション理論が考えられた。

　宇宙の生まれた理由がなんであれ、不自然に広い範囲にわたって一様な状態で生まれることは考えられない。それは、相対性理論によって光より速く遠方と連絡を取り合うことが不可能だからだ。連絡を取り合えるのは、せいぜい宇宙年齢の間に光が進める距離までである。

　だが、過去に一度も連絡を取り合ったことがないように見えるとしても、それが見せかけであるという可能性がある。最初は連絡が取れるほど近くにあったとしても、それが急激に遠方まで引き離されたと考えるのだ。私たちの宇宙は現在も膨張しているが、宇宙の初期の段階でそれとは比較にならないほど急激な膨張をした時期があればよい。この仮説的な急膨張のことを「インフレーション」と呼ぶ。

　インフレーションはごく短い時間で終わり、そのあとの宇宙膨張はもっと緩やかなものになる。インフレーションがなければ、遠方の場所とはこれまで連絡できなかったように見える。だが、インフレーションがあったとするなら、現在はるか遠方に位置する場所であっても、インフレーション前にはずっと近くにあって連絡ができたことになる。

　現在の宇宙膨張はゆったりしたものだ。宇宙の大きさが現在

の半分だった時代はいまから約80億年前のことだ。つまり、宇宙が倍の大きさになるのにそれだけの時間がかかっている。一方、インフレーションの急膨張はそれに比べると比較にならないぐらい激しい。細かな数値は理論モデルにもよるが、だいたい0.0000000000000000000000000000000001秒（10^{-34}秒）ぐらいの間に100000000000000000000000000000000000000000倍（10^{43}倍）の大きさになるという、想像を絶するものすごさだ。

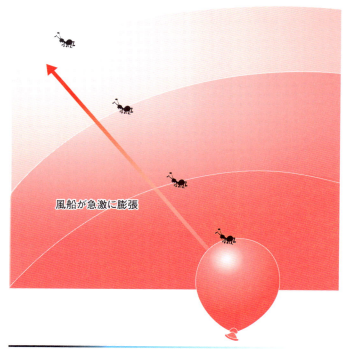

図2-14　インフレーション理論は、デコボコした宇宙を急激な膨張によって平らにしてしまう。これはちょうど、曲がった風船の上にいるアリにとって、風船が急激に膨張すると周りが平らになってしまうのと同様

出典：Eric Chaisson, Steve McMillan: Astronomy Today（7th Edition, Addison-Wesley 2010）

これだけ一気に宇宙が大きくなれば、最初に少しぐらいのデコボコがあっても完全に一様化してしまう。量子ゆらぎとして宇宙ができたとすれば、最初の宇宙はプランク長程度（10^{-34} m）でデコボコしていたと思われるが、インフレーションで急激に引き伸ばされると、そんなデコボコは宇宙の地平面の外へ追いやられ、完全に見えなくなってしまう。こうして、現在の宇宙が一見不自然に一様なのはなぜかという問題を、インフレーションを仮定することで無理なく説明することができる。

9 インフレーションを起こす原因とは

インフレーションがあれば現在の宇宙の性質を自然に説明できることがわかったが、それだけではまだ、本当にインフレーションが起きたと断言することはできない。インフレーションが現実に起きたかどうかをはっきりと確かめたいところだ。

インフレーションが起きたとすれば遠い過去の出来事なので、インフレーションが起きているところを直接観察するわけにはいかない。とはいえ、インフレーションの有無を科学的に確かめる方法がないというわけではない。そのためには2つの段階がある。まず第一に、理論的にインフレーションが起きる原因を特定すること、そして第二に、その理論が正しいと確かめられる宇宙観測をすること、の2つだ。

インフレーション理論が最初に提案された当初は、インフレーションの起きた原因として真空の相転移現象が想定されていた。相転移現象とは、物質の状態が劇的に変化する現象だ。身近なところでは水が凍って氷になるとか、沸騰して水蒸気にな

図2-15　水の相転移

ったりするのがその典型例である。この場合、固体、液体、気体、という3つの状態がある。こうした異なる状態のことを「相」と呼ぶ。相が変化することを相転移というのだ。

　真空はなにもないように見えるが、現代物理学によれば、たんなるなにもない空間ではない。真空にもいくつかの相があると考えられている。そうであれば、宇宙の初期に真空の相転移が起きると期待できるのだ。ただし理論的な不確実性のため、残念ながら現実の真空にいくつの相があるのかはわかっていない。

　一般に相転移が起きるときには、エネルギーの出入りがある。たとえば、水が凍って氷になるときには大量の熱をだす。このため0℃の水を冷凍庫へ入れても、凍るまでにかなり時間がかかる。水のエネルギーよりも氷のエネルギーのほうが低く、凍るときに放出される熱を外へだしてやらないといけないからだ。同様に、真空の相転移が起きるときにも、エネルギーの高い真空から低い真空へ変化する。私たちが住む空間の真空エ

ネルギーはきわめて小さいことが知られているが、相転移の前には真空が大きなエネルギーをもっている。

　一般相対性理論によれば、真空がエネルギーをもつと、宇宙を急激に膨張させる。このため、宇宙にインフレーションを起こすことができるのだ。真空の相転移に現れる真空エネルギーは非常に大きいと期待できるため、先述のように想像を絶する急膨張を起こすことが可能だ。

　ただし、インフレーションがそのまま続いてしまっては私たちの住んでいるような宇宙がつくられない。私たちのビッグバン宇宙にうまくつながるような状態で、首尾よく終わりを迎える必要がある。相転移は空間のあちらこちらで起きるため、相転移してインフレーションが終わった場所が空間中で泡のように存在する。水が沸騰するときにあちらこちらで水蒸気の泡ができるのと同じだ。最終的に宇宙全体でインフレーションが終わるためには、そういう泡が隣同士でくっつきあって、宇宙を覆い尽くす必要がある。泡同士がくっつくときに熱が生まれて、熱いビッグバン宇宙につながると考えられた。

　ところが、泡の中は膨張が遅くなっていて、泡の外はまだ急激な膨張を続けているため、泡と泡の距離は急激に離れていってしまう。このため、泡が宇宙を覆い尽くすためには、相転移してできる泡が十分に速く生まれなければならない。ところがそれでは泡が多すぎて、結果的にできる宇宙が非常にデコボコになってしまい、現実の宇宙とあわなくなってしまう。一方、デコボコができすぎないように泡の生まれる速さを遅くすると、今度はいつまで経ってもインフレーションが終わらなくなってしまう、というジレンマを抱えている。

　こうして、インフレーションの原因を真空の相転移現象に求

図 2-16 真空の相転移では、泡の衝突後に首尾よくインフレーションを終わらせるのが困難

出典：Glenn Loos-Austin

めるのは困難であると考えられるようになった。そうだとしても、インフレーションというアイディア自体には捨てがたい魅力がある。そこで、インフレーションを起こす原因をほかに求めるべきではないかということになった。そして、佐藤やグースに続いて多くの研究者がインフレーションの研究に参入し、さまざまな観点から可能な原因をいろいろと考えてきた。こうして、インフレーションという着想は、汲めども尽きぬ泉のような研究分野をつくりだしたのだ。直接観測の難しいはるか初期宇宙のことでもあり、いまだにインフレーションの確実な原因は特定されていない。その研究は現在まで絶えることなく続いている。

第2章 宇宙の始まり

10 スカラー場とインフレーション

　真空の相転移によるインフレーションが問題を抱える原因は、インフレーションの続いている場所と終わった場所がはっきりとした相に分かれているところにある。それらが泡状になって宇宙空間にたくさん混在するのが問題だった。これを避けるには、真空のエネルギーが空間全体でいっしょに変化すればよい。そうすれば、広い空間領域全体でインフレーションが終了し、最後に大きなデコボコができることもない。

　インフレーションの原因を与える可能性として、「スカラー場」というものがよく考えられている。スカラー場というのは専門用語であり、難しく聞こえるかもしれないが、簡単にいえば空間の各点にエネルギーをもつことができるなにかだ。実は、上で考えた真空の相転移も、スカラー場を介した相転移なのである。インフレーションを首尾よく終わらせるには、相転移を起こさずに、一時的な真空エネルギーをもつようなスカラー場があれば都合がよい。

　スカラー場を表すグラフが図2-17〜19に示してある。横軸はスカラー場ϕの値で、縦軸はスカラー場のもつポテンシャル・エネルギー$V(\phi)$だ。ポテンシャル・エネルギーとは、地上における位置エネルギーと似たもので、その場所での潜在的なエネルギーを表している。グラフ上でポテンシャル・エネルギーの値が大きいほど、その場所で潜在的にもつエネルギーが大きい。空間の各点ごとにスカラー場の値が割り当てられるが、いまから考えるモデルでは、広い空間領域でスカラー場の値が同じように変化する。スカラー場の値が横軸に示され、それらに

81

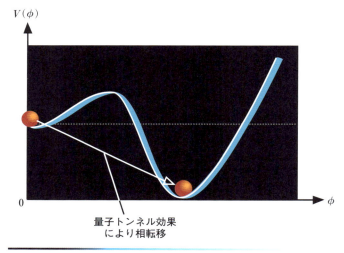

図 2-17 相転移をともなう古いインフレーションのスカラー場ポテンシャル

対応するポテンシャル・エネルギーがどれだけあるかをグラフの曲線で表している。この説明だけでは意味をつかみかねるという読者は、スカラー場の値がグラフの曲線を坂道のようにして転がるものだ、と直感的に考えておけばよい。

図 2-17は、相転移をともなうスカラー場のポテンシャルを表している。これは前節で説明した最初のインフレーションのモデルだ。最初にスカラー場は図の左端、値がゼロ $\phi=0$ の点にある。そこではポテンシャル・エネルギー $V(\phi)$ がゼロでない値をもっている。このエネルギーが真空エネルギーとなり、インフレーションを引き起こす。このスカラー場は量子トンネル効果によって、ポテンシャル・エネルギーがゼロの点に突如として移動する。すると真空エネルギーが消え去ってインフレーションが終了する。この相転移が空間のいろいろな場所でばらば

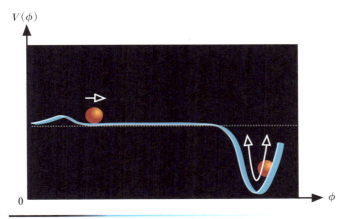

図2-18 新しいインフレーションのスカラー場ポテンシャル

らに起きるので、インフレーションの終了に問題が生じていた。

　図2-18は、相転移をともなわずにインフレーションを起こすスカラー場のポテンシャルの例を表している。これは1982年に考えられたモデルで、当時のソ連にいた物理学者アンドレイ・リンデや、米国の物理学者アンドレアス・アルブレヒトとポール・スタインハートによって提案された。スカラー場はポテンシャルのなだらかな丘をゆっくりと転がりながら動いていく。このときのポテンシャル・エネルギーはあまり変化しないため、ほとんど一定の真空エネルギーとなってインフレーションを引き起こす。しばらくすると、ポテンシャルの崖に到達して、そこから急激にポテンシャル・エネルギーがゼロの谷底へと落ち込む。このとき、スカラー場は運動エネルギーを獲得して谷底の周りで振動を始めるが、そのエネルギーは相互作用によって現実の粒子に受け継がれ、宇宙全体を温める。それがインフレーション後の熱い宇宙をつくりだしてビッグバン宇宙になると

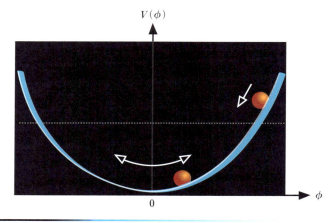

図 2-19 カオス的インフレーションのスカラー場ポテンシャル

考えられる。

　この新しいインフレーションのモデルは、インフレーションをうまく終了させて、そのあとに続く熱いビッグバン宇宙を無理なくつくりだせるという好ましい特徴を備えている。とはいえ、このモデルにもまったく問題がないというわけではない。このモデルがうまくいくためには、ポテンシャルがきわめてなだらかに変化する部分が必要だ。十分なインフレーションを起こすためには、その部分が非常に平坦になっている必要がある。こうした平坦なポテンシャルというのは不自然であり、それがどうして実現できるのかがよくわかっていない。自然に平坦なポテンシャルを実現できるような理論的根拠がなければ、まずインフレーションありきの、間に合わせに考えられたモデルに成り下がってしまう。このことでこの理論モデルが否定されたわけではないが、研究者の間では興味が徐々に失われていった。

不自然に平坦なポテンシャルをもたないスカラー場でうまくインフレーションを起こすことはできないだろうか。実はそれが可能なのである。リンデは1983年、**図2-19**のポテンシャルをもつスカラー場を提案した。このポテンシャルはもはや不自然な平坦部分がなく、あるのは単調に変化するポテンシャルだ。これはポテンシャルを表す関数が$V(\phi)=A\phi^n$というベキ乗で与えられる自然な形になっている。このようなポテンシャルの形は、現実にある素粒子の相互作用としてはよく現れる形だ。

　この場合、スカラー場は最初に原点から離れた場所にいる。そこでは真空エネルギーをもっているため、インフレーションを起こすことができる。インフレーションが起きて宇宙が急激に膨張するとき、スカラー場には大きな抵抗力が働くことが知られている。こうして、ポテンシャルが平坦でなくてもスカラー場の変化はゆっくりしたものになり、十分なインフレーションを起こせると考えられる。

　このインフレーションのモデルでは、最初にスカラー場の絶対値が大きい場所から始まるものと仮定される。この初期条件は多少不自然に思えるが、インフレーションの起きる前の空間が十分に広ければ、そうした初期条件をもつような場所もどこかに存在するだろう。十分なインフレーションの起きた場所にしか私たちが生まれないと考えられるので、この初期条件も不自然なことではない。

　このことから、このモデルではインフレーションの起きる場所と起きない場所がある。私たちの住んでいる場所は十分にインフレーションが続いたため、宇宙が十分に一様化されている。そしてインフレーションの起きていない場所は十分に遠く離れているため、そのような場所を見ることはできない。私たちに

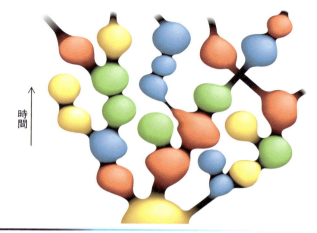

図2-20　カオス的インフレーションにおける宇宙の全体構造　　　出典：Andrei Linde

　見える宇宙の範囲を大きく超えるスケールでは、宇宙はきわめてデコボコしていることになる。いまだにインフレーションを続けている場所もあれば、ほとんどインフレーションが起きずに終わった場所もある。

　そうしたいろいろな場所は、空間的につながっているものの、全体としては図2-20のように複雑な形をしている。インフレーションが終わったあとに、インフレーションを起こしている場所が取り残されると、その場所は周りと連絡がつかなくなって、別の宇宙のようになってしまう。つまり、ほとんどインフレーションの終わった宇宙の一部から、インフレーションを続けている場所が独立して、新しい宇宙が生まれるのだ。こうして、空間的にはつながっていても全体としては宇宙がいくらでも増殖する。このように混沌としたカオス的な側面をもつことから、このモデルは「カオス的インフレーション」と呼ばれている。

カオス的インフレーションは好ましい性質をもつが、やはりそこに問題がないわけではない。くわしい説明は省くが、ポテンシャルを与える定数に自然だと思われる値を入れると、インフレーション中にスカラー場の量子ゆらぎが大きくなりすぎて、現実の宇宙の一様性を満たすのが難しいのだ。これを避けるには定数の値を異常に小さく取る必要がある。これは理論的にあまり好ましくないのだが、以前のモデルに比べればまだマシだと考えることもできる。

インフレーションの モデルは数かぎりなく考えられる

　前節で紹介したのは、比較的初期に提案されたモデルだが、その後も実にさまざまな考え方にもとづいて、現実の宇宙をつくりだせそうなインフレーション・モデルが数多く提案されている。スカラー場のポテンシャルを表す関数はいくらでも考えられるため、可能なインフレーションのモデルはそれに応じていくらでもつくることができる。また、スカラー場の数を増やすハイブリッド・インフレーションというものもある。さらに、一般相対性理論を修正する修正重力理論や、空間が3次元よりも大きい高次元理論にもとづいてインフレーションを実現させようとするモデルなどもあり、理論的には混沌とした状態だ。

　インフレーション理論が提案された当初は、素粒子論で研究されていた大統一理論に含まれるスカラー場がインフレーションを起こすと考えられていた。大統一理論とは、重力を除くすべての力や素粒子の振る舞いをひとつの統一的な理論で説明しようとする野心的な理論で、1970年代に提唱されたものだ。

大統一理論が現実味を帯びているならば、インフレーションの原因をそこに求めるのは自然なことである。

　もっとも単純な大統一理論の候補は、陽子の崩壊が観測できる頻度で起きることを予言する。実際の実験で調べてみると、それが起きていないことがわかってしまった。つまり、もっとも単純な大統一理論は否定されてしまったのだ。大統一理論にもいろいろなものがあるため、より複雑なモデルは生き残っているが、そうした大統一理論のスカラー場で十分なインフレーションを起こせるかどうかは明らかでない。そこで、現実的な素粒子論のモデルとは切り離してインフレーションのモデルが考えられるようになった。こうなると理論的な自由度がとても大きくなるため、それに応じて実にさまざまなインフレーションのモデルが提案されているのが現状だ。

　図2-21に示されるように、インフレーションに関連する論文の数もずっと増え続けている。それに応じてインフレーションのモデルも大量に考えだされ、数百以上の異なる機構が提案されているといわれている。

インフレーションのモデルを選別するには

　インフレーションを起こす理論モデルがあまりにもたくさん提案された結果、インフレーションの可能な原因は1つに絞られなくなった。インフレーションの起きるような初期宇宙では、人間の実験できる範囲をはるかに超えた高エネルギー状態になっているため、なにが正しい物理理論なのかがわかっていない。そこで、実験的には確認されていない物理理論を仮定してイン

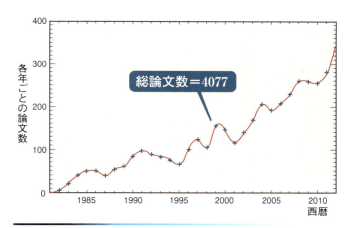

図2-21 タイトルに「インフレーション」またはそれに類似した語句を含む論文の数
出典：Jérôme Martin, Christophe Ringeval, Vincent Vennin, Physics of the Dark Universe 5-6 (2014) 75-235 より改変転載

フレーションが起きるモデルをあれこれと考えているのだ。

　個々のモデルにはそれぞれ長所や短所がある。どの理論がもっともらしいと思えるかは主観的な問題であり、研究者によって意見が異なっている。理論的観点だけからは、客観的に判定することができないのである。うがった見方をすれば、適当なインフレーションのモデルを仮定して適当にパラメータを選べば、どのような宇宙であっても再現できてしまうのではないかとも考えられる。科学的な理論というのは正しいか正しくないかを実験や観測によって判定できなければならないとされている。どんな結果でもインフレーション理論の中にある自由度を勝手に調整して再現できるとなれば、それは科学的な理論とは呼べないのではないか、という疑念を表明する研究者もいる。たとえば、インフレーション理論の初期のモデルを提案した1人でもあるスタインハートは近年、上の理由でインフレーショ

図2-22 米国の物理学者ポール・スタインハート。初期のインフレーション理論構築に貢献したが、近年はインフレーション理論に懐疑的な立場をとっている。また、宇宙が複数あるという他宇宙仮説についても、反対の立場を取る論客だ
出典：Evolution News

ン理論に懐疑的な態度を表明している。

　インフレーションのありえる可能性を理論的に提案するだけでは、さらに収拾がつかなくなってしまうのは事実だと思われる。そこで重要なのは、インフレーション理論の成否を判別できるような宇宙観測の実行だ。幸い、インフレーション理論は近い将来、観測で明らかになるであろう宇宙の性質について、特徴的な予言をする。その結果によっては、インフレーション理論の細かなモデルの違いだけでなく、インフレーションそのものが本当に起きたのかどうかを含めて検証される日がくる可能性がある。

インフレーション理論と宇宙のゆらぎ

　インフレーション理論のもつ好ましい特徴として大きなものは、現在の私たちに観測できる宇宙の構造がなぜできたのかと

いう理由を与えてくれる、という点にある。そしてこのことは、インフレーション理論を観測的に検証するための手段にもなるのだ。

スカラー場がゆっくり転がるときのポテンシャル・エネルギーでインフレーションが起きる場合を考えよう。これは、数多く提案されたインフレーションの機構のなかでも、多くのモデルに共通する設定であると同時に、現在でも主流の考え方だ。

スカラー場がゆっくり転がるのを止めると、ポテンシャル・エネルギーが解放されてインフレーションが終わる。このとき、空間の広い範囲でほとんど同時にインフレーションが終わり、一様な宇宙が実現されるのだった。だが、インフレーションがどこでも寸分たがわず同時に終わるということはありえない。なぜなら、スカラー場にも量子ゆらぎがあるからだ。量子論の不確定性原理により、空間のすべての場所でスカラー場の値を完全に同じにすることができないのだ。その結果、インフレーションの終わる時刻が場所ごとに若干異なる。すると、インフレーションが終了したあとにできる空間は微妙にデコボコしたものになる。この微妙なデコボコを宇宙の「初期ゆらぎ」という。

この微妙なデコボコは宇宙に必要なものだ。初期の宇宙が完全に一様であれば、そのあとの宇宙もずっと一様なままにとどまり、その中には星も銀河もできなくなってしまう。一方、最初に少しのデコボコがあれば、時間が経つにつれてそのデコボコぐあいは大きくなっていき、最終的に星や銀河などの天体をつくりだすことができる。最近の宇宙観測によって、最初にどれくらいの初期ゆらぎが必要なのかもわかっている。それは大きすぎても小さすぎてもいけない。

インフレーションのモデルによって、最初につくりだされる

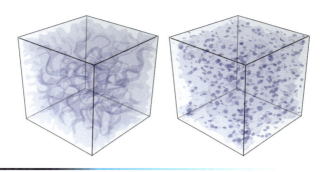

図2-23 インフレーション中の量子ゆらぎが宇宙の構造をつくりだす
出典：Andrei V. Frolov, JCAP 0811 (2008) 009

　初期ゆらぎの性質は異なる。したがって、あるモデルが予言する初期ゆらぎの性質を、現実の宇宙における初期ゆらぎと比較すれば、原理的にそのモデルの成否を判定することができるのだ。現実の宇宙における初期ゆらぎを知る方法はいくつかある。たとえば、第1章で説明した、宇宙の大規模構造（**図1-12**）や宇宙マイクロ波背景放射（**図1-15**）のパターンをくわしく解析すると、初期ゆらぎに対する情報が得られる。

　このようにして、現在までにかなりの数のインフレーション・モデルは淘汰された。だが、依然としてまだ数多くのモデルが生き残っている。インフレーション理論を検証するには、さらに精密な観測を進めることが必要だ。

14　ビッグバンの父、ルメートルの理論

　宇宙はビッグバンで始まったといわれる。だが、学問的には、ビッグバン理論は宇宙の始まりそのものに関する理論ではな

第2章　宇宙の始まり

図2-24　アルバート・アインシュタイン（左）とジョルジュ・ルメートル（右）

い。ビッグバン理論とは、宇宙が猛烈に熱い火の玉のような状態から始まったという理論である。どうしてそのような状態が出現したのかという問題を明らかにすることについては、ビッグバン理論の守備範囲にないのだ。前節までに説明した量子的な宇宙創世理論やインフレーション理論は、ビッグバン理論の守備範囲よりもさらに時間を前にさかのぼろうとする試みだ。その意味では、ビッグバン以前の理論だといえる。

宇宙が定常的なものでなく、明瞭な始まりをもっているというのがビッグバン理論の本質だ。一般相対性理論を創始したアインシュタインはそのような考えをもっていなかったが、アインシュタイン方程式を数学的に解いてみると、宇宙に始まりがあるほうが自然なのだ。

最初にビッグバン理論につながる考え方をだしたのは、物理

学者であり同時にカトリック司祭でもあったジョルジュ・ルメートルだ。彼は宇宙全体を近似的に一様だと仮定してアインシュタイン方程式を一般的に解き、さらに当時の宇宙観測データをもとにして、宇宙が膨張していることを発見した（最近まで宇宙膨張の最初の発見者はハッブルだとされていたが、現在ではルメートルのほうが先であることがよく知られるようになった）。そして、宇宙が膨張しているという事実とアインシュタイン方程式を組み合わせることにより、宇宙に始まりがあるという結論に至ったのである。彼は、宇宙がなんらかの爆発のようなものから始まったのだと考えた。

15 ビッグバン理論の登場

　宇宙に始まりがあるかどうか、実際に確認するのは難しいため、ルメートルの先駆的な理論はしばらく忘れ去られてしまった。その後、物理学者ジョージ・ガモフとその共同研究者たちによって宇宙初期の研究が始められた。狭い意味でのビッグバン理論とは、ガモフたちの理論のことを指す。十分に初期の宇宙は体積が小さかったので、物質の密度が非常に高いはずだ。また、密度が高いと温度も高くなる。つまり、高温高密度の火の玉のような状態だ。それは、現在の宇宙とはまったく異なっている。

　ガモフはもともと原子核理論の専門家だ。高温高密度の状態で原子核がどのような振る舞いをするのか、理論的に計算することができた。原子核というのは原子の中心に位置する粒子だ。私たちの周りにはいろいろな元素がある。水素、酸素、炭素、

図2-25 ガモフとその共同研究者たち。左から、ロバート・ハーマン、ジョージ・ガモフ、ラルフ・アルファー。ガモフの冗談でつくった合成写真で、YLEMとはビッグバンでつくられる元素のもとと考えられた仮想的な物質の名前

鉄などをはじめとして、全部で100種類以上の元素が知られている。元素にたくさんの種類がある理由は、原子核にたくさんの種類があるからだ。

私たちの周りでは、原子核の種類が変化することはない。化学反応式でも、元素記号の数が左辺と右辺で一致していなければならない。それというのも、化学反応というのはいろいろな種類の原子がくっついたり離れたりする変化であり、反応の前後で原子の種類自体は変化しない。

だが、物質を高温高密度の極限状態におけば、原子の種類自体が変化してしまう。これを原子核反応という。太陽の中心部や原子力発電所の中では、原子核反応が実際に起きていて、そこからでてくるエネルギーを私たちは利用している。宇宙の初期には、宇宙全体がそうした極限状態にあるので、宇宙全体で原子核反応が起きる。ガモフはこの点に注目し、共同研究者とともに実際になにが起きていたのかを理論的に計算していった。

16 ビッグバンで元素ができる

　原子核は、プラスの電荷をもつ陽子と、電荷をもたない中性子が集合してできている。つまり、陽子と中性子がくっついて原子核ができているのだ。だが、極限的な高温高密度の状態では、陽子と中性子がくっつくことができずに、バラバラに存在するようになる。十分に初期の宇宙では、そのような状態だったと考えられる。そこから宇宙が膨張し、温度が冷えて密度が下がってくると、原子核が徐々に形成されてくる。

　陽子1つはそのままで水素の原子核だ。原子核中の陽子の数が元素の種類を決めているので、陽子に中性子がくっついてもやはり元素としては水素である。1つの陽子に中性子が1つくっつくと重水素、2つくっつくと3重水素という重い水素原子核になる。陽子が2つ含まれる原子核はヘリウムだ。中性子が1つ

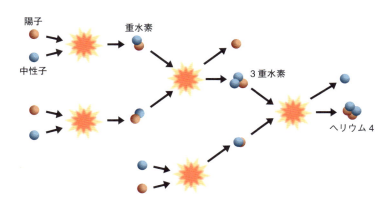

図2-26　ビッグバンにおける軽い元素の合成。陽子と中性子からヘリウム4がつくられる経路の一例。ほかにもいろいろな経路がある

含まれればヘリウム3、中性子が2つ含まれればヘリウム4という原子核となる。そのほかに、陽子3つと中性子4つでできたリチウム7や、陽子4つと中性子3つでできたベリリウム7という原子核などが宇宙初期につくられる。

宇宙初期では、原子核に陽子や中性子がくっついたり離れたりする原子核反応をしながら、いろいろな元素ができていく。この過程のことを、「ビッグバン元素合成」という。ビッグバン元素合成の反応例は図2-26に示されるようなもので、ほかにもいろいろな反応が起こる。最初は陽子と中性子だけしかない。天体物理学者の林忠四郎は、ガモフたちの理論に続き、宇宙初期の陽子と中性子の数の比を理論的に導きだした。この陽子と中性子を材料として、原子核反応が進む。宇宙が膨張するうちに、宇宙の温度は冷えて密度は下がり、それ以上の原子核反応

図2-27 林忠四郎。世界的な天体物理学者で、日本における宇宙物理学研究の草創期から活躍した

出典：Photo 1968, NASA GSFC, courtesy Prof. Hayashi

が進まなくなる。そこまでに要する時間は宇宙の始まりからほぼ5分程度で、それ以後は宇宙にある元素の種類と量がいったん固定される。

　ガモフたちは、このビッグバン元素合成で宇宙に存在するすべての元素ができるのではないかと考えたが、結果は期待に反するものだった。宇宙初期に合成される元素はほとんどが水素とヘリウムばかりで、そのほかの元素はごくわずかしかできなかったのだ。特に炭素やそれよりも重い原子核はほとんどできなかった。この宇宙には炭素や酸素など生命に必要不可欠な元素を含めて、多種多様な元素が豊富に存在している。このことは、ビッグバン理論の失敗かとも思われ、ビッグバン理論が研究者の間で一時期忘れ去られることにもつながった。

17　ビッグバンの名残り

　いまでこそビッグバン理論は宇宙論の定説として受け入れられているが、当初からそうだったわけではない。宇宙の膨張率の観測が難しかったことも、その傾向に拍車をかけた。遠方の銀河までの距離を測ることが難しく、最初にルメートルやハッブルが見積もった宇宙の膨張率は実際よりもかなり大きな値だった。膨張率の推定値が大きすぎると、実際よりもかなり短い宇宙年齢を導きだしてしまう。その結果、地球の年齢よりも宇宙の年齢のほうが短いという、ばかげた結論がでてきてしまうのである。こうしたこともあり、1950年代から1960年代初めごろまで、宇宙が永遠に存在しているという、ホイルたちの定常宇宙論が台頭した。

第2章　宇宙の始まり

　ビッグバン理論に注目が集まる事件が1965年に起きた。ビッグバンの直接的な証拠ともいうべき観測結果が発表されたのである。宇宙マイクロ波背景放射の発見だ。電波天文学者のアーノ・ペンジアスとロバート・ウィルソンの2人が、予期せずにこの大発見を行ったのだ。アメリカのニュージャージー州にあるベル電話研究所に、ホーンアンテナという高性能の電波アンテナがあった。これはもともと衛星通信のためにつくられたものだ。当初の役目を終えたため、ペンジアスとウィルソンはこれを使って天体からやってくる電波を観測し、天文学にいくばくかの貢献をしようとしていたのだ。

　ところが、その高性能のアンテナはあるべきでない、原因不明のノイズに悩まされた。彼らはノイズ源を取り除こうとあら

図2-28　ホーンアンテナの前に立つペンジアスとウィルソン
出典：ROGER RESSMEYER/CORBIS

ゆる努力をしたが、どうしても取り除けずについに万策が尽きてしまった。そして最後に残った可能性は、そのノイズが宇宙全体からやってきているという、破れかぶれの結論だった。

あろうことか、それが真実だったのだ。ビッグバン理論によれば、最初の火の玉のような熱い宇宙は光に満ちあふれていた。その光の名残りは、現在の宇宙にも残っているのだ。ただし、宇宙が膨張することで、光の波長が1000倍以上にも引き伸ばされて、現在は電波として観測されるはずだ。それが宇宙マイクロ波背景放射である。ガモフと共同研究者たちはそれよりずいぶん前に、ビッグバン理論が正しければ宇宙マイクロ波背景放射が観測できるはずだと予言していたのだった。

実は、ベル電話研究所から50km足らずの場所にあるプリンストン大学では、物理学者ロバート・ディッケ率いるグループがまさにビッグバンの名残りである宇宙マイクロ波背景放射の発見を目指して研究していた。ほかにライバルもいないと思われたため、少ない予算で地道に検出装置をつくって測定していたが、成功していなかった。ディッケたちは、思わぬかたちでペンジアスとウィルソンに見事にだし抜かれてしまったのだ。一方、発見した当のペンジアスとウィルソンはビッグバンの名残りを見つけようと観測していたわけではない。ウィルソンはのちに、ビッグバン理論よりも定常宇宙論のほうが好ましいと思っていたと語っている。

宇宙マイクロ波背景放射の発見以降、ビッグバン理論の信憑性が高まり、定常宇宙論は支持者を失っていった。また、遠方の宇宙を観測すると過去の宇宙が観察できるが、そこに見えるのは現在の宇宙とは異なる姿であることも徐々にわかってきた。これは、宇宙が時間的に変化していることを示しているため、定

常宇宙論には反する。また、当初ビッグバン理論の欠点であると思われた元素合成については、水素やヘリウムを材料にして、星の中で多様な元素がつくられることもわかってきた。

18 温度ゆらぎを探せ

　当初の不人気から一転して、ビッグバン理論は現代の宇宙論になくてはならないものになっている。宇宙マイクロ波背景放射の存在はビッグバン理論で自然に説明できるとはいえ、定常宇宙論の立場からなんとか説明をひねりだせないこともない。不自然な説明になることは避けられなかったが、定常宇宙論の支持者たちはそうした研究を行った。だが、宇宙マイクロ波背景放射の発見以後に行われた数々の宇宙観測により、ビッグバン理論は盤石の証拠を積み重ねていったのだ。

　いまや、現代の精密な宇宙観測の数々は、ビッグバン理論によってとてもよく説明できる。特に最近では、大きなスケールにおける宇宙のゆらぎが精密に観測できるようになった。それは、ビッグバン理論にもとづいて計算した理論予言と驚くほどに一致する。その符合はそら恐ろしいほどだ。

　その代表的な例が、宇宙マイクロ波背景放射のゆらぎである。宇宙初期には、宇宙全体がきわめて一様な状態にあったため、初期の宇宙からやってくる宇宙マイクロ波背景放射もきわめて一様である。私たちがそれを観測すると、どの方角を向いても同じように見える。宇宙マイクロ波背景放射ができたときには宇宙の温度は3000ケルビンほどだった。宇宙マイクロ波背景放射の温度も最初は同じ温度だったのだが、膨張する宇宙を旅

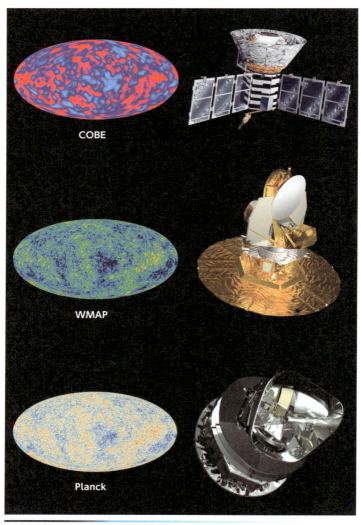

図2-29 観測衛星COBE、WMAP、Planckによってそれぞれ得られた温度ゆらぎの地図　　出典：NASA/COBE, WMAP Science Team, NASA/WMAP Science Team, ESA

するうちに、温度が約3ケルビン弱にまで下がってしまう。したがって、現在の私たちが観測する宇宙マイクロ波背景放射は、どの方向を向いても約3ケルビン弱なのだ。

だが、初期の宇宙は完全に一様ではありえない。現在の宇宙に見られる豊富な構造ができるためには、初期の宇宙にわずかなゆらぎが必要だ。少しでもゆらぎがあれば、重力の効果でそれを種にして大きなゆらぎがつくりだされる。したがって、宇宙マイクロ波背景放射の温度も、あらゆる方向で完全に同じでは困る。見る方向によって、微妙に温度がゆらいでいるはずだ。

ペンジアスとウィルソンが宇宙マイクロ波背景放射を見つけたときには、温度ゆらぎを検出するほどの精度はなかった。そこで、なんとか温度ゆらぎを見つけようと精密な観測が行われたのだが、それから25年以上も見つからなかった。その間、ふたたびビッグバン理論に不信感が生まれたこともあった。1992年、NASAが打ち上げた観測衛星COBE（Cosmic Background Explorer）によって、初期宇宙に起源をもつ待望の温度ゆらぎが見つかった。それは、ビッグバン理論がさらに確かな理論として確立した瞬間だった。

COBEによる温度ゆらぎの発見後、さらに精度のよい観測が続々と行われた。比較的低予算でできる地上の観測施設や気球を用いた観測が数多く行われたが、宇宙空間に打ち上げた観測衛星がもっとも精度のよい結果をもたらしてくれた。2001年に打ち上げられて2010年まで運用されたWMAP（Wilkinson Microwave Anisotropy Probe）と、2009年に打ち上げられて2013年まで運用されたPlanckという観測衛星により、宇宙マイクロ波背景放射の詳細な温度ゆらぎ地図が得られた。その解析の結果、きわめて高い精度でビッグバン理論と一致したのである。

こうした高精度の解析がされる前、研究者の間では、少しぐらいはビッグバン理論からのズレが見つかるのではないか、そしてそこからなにか未知の要素が見つかるのではないか、と期待する向きもあった。研究者は疑い深いので、定説を覆すような手がかりをいつも探しているのだ。だが、標準的なビッグバン理論だけできわめてうまく説明できることが判明した。これらの精密観測でもっとも驚きだったのは、革新的な発見がなにもなかったことだ、とさえいわれている。

19 温度ゆらぎのパワースペクトル

　いまやビッグバン理論と観測の一致は凄まじいものがある。多少技術的な説明になるが、図2-30に示したのが温度ゆらぎのパワースペクトルと呼ばれるグラフである。パワースペクトルとは、ゆらぎの大きさを波長ごとの成分に分解したものだ。横軸の左ほど長い波長のゆらぎ、右ほど短い波長のゆらぎに対応し、各波長のゆらぎの大きさが縦軸に対応する。

　誤差棒つきの青い点が現在のところ最高精度の観測衛星Planckによって得られたパワースペクトルの観測値である。そして、赤い実線はビッグバン理論にもとづいて計算された理論値である。空の面積にかぎりがあるため、長い波長のゆらぎは必然的に誤差が大きくなる。誤差棒の値は専門的に1σと呼ばれるもので、データのうち7割前後の誤差棒が理論曲線の範囲にあれば、理論と一致していると結論づけられる。観測値と理論との一致は明らかで、目を見はるばかりだろう。

　20世紀終わりごろまでは、まだ宇宙論的な観測データの質も

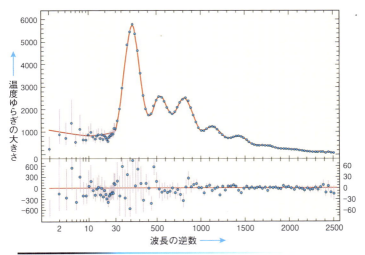

図2-30 温度ゆらぎのパワースペクトル。図は理論線を基準にした相対値

出典：Wikimedia

悪く、ビッグバン理論に反対する研究者も少数派ながら残っていた。遠方の銀河が遠ざかっているのは、見かけの効果ではないかという説も残っていたし、定常宇宙論を修正しながら生き残らせようとする研究者もいた。だが、上のように精密なレベルで観測がビッグバン理論と一致すると、そうした少数派の説は完全に吹き飛んでしまったといえる。宇宙論は新しい時代に突入したのだ。

現在の物理法則がはるか過去の宇宙にも当てはまる

　宇宙マイクロ波背景放射の性質は、ビッグバン理論にもとづく物理法則でほぼ完全に説明できることが判明した。その理論

値を計算するときには、いろいろな物理法則が組み合わされて用いられている。アインシュタインの一般相対性理論や、物質と光の相互作用など、現在の私たちが知っている物理法則を愚直に用いて計算されているのだ。そのどれかが正しくなければ、上に説明したような驚くべき一致は見られなかっただろう。

　私たちの知っている物理法則は、いろいろな実験や観測によって正しいことが確かめられたものだ。そうした実験や観測というのは現在の地球上、あるいはせいぜい太陽系の中で行われたものにすぎない。つまり、現在の私たちから時間的・空間的に遠く離れた場所でも同じように物理法則が成り立つことは、明らかなことではない。だが、ビッグバン理論と観測との驚くべき一致は、私たちの知っている物理法則が、遠い過去や遠い宇宙のかなたでも等しく成り立つことを意味している。

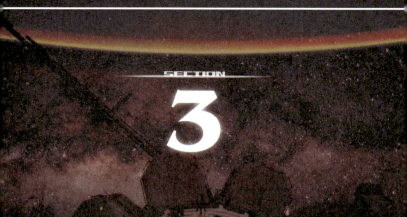

SECTION

3

宇宙の構成

宇宙はなにでできているのか

　高精度の観測データがビッグバン理論により説明できたことで、この宇宙の構成についてもかなり精度よくわかるようになった。たとえば宇宙の年齢について、高精度の観測がされる前までは100億年から200億年程度という大ざっぱなことしかわかっていなかった。それがいまでは約138億年と、3桁の精度で決まるようになった。同様に、宇宙がどういう成分でできているのかも精度よく決められる。宇宙の各構成成分がもつエネルギーを百分率で表したものが、図3-1に示されている。

　このうち、左の百分率で「原子など」と書かれている成分は、私たちが正体をよく知っているものを表している。その内訳が右の円グラフに表されている。全体の大部分を占めるダークマターとダークエネルギーは正体不明だが、その重力的な性質は

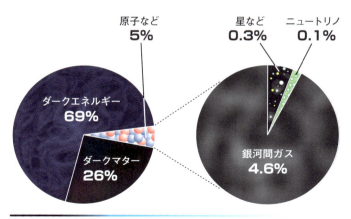

図3-1　宇宙の構成成分

2 私たちがよく知っている物質

　私たちが正体をよく知っている成分は、ほとんどが原子でできている。原子は、プラスの電荷をもつ小さな原子核と、その周りにあるマイナスの電荷をもつ電子でできている。電子が原子核から離れると、イオン化原子となる。原子核から離れた電子は自由電子と呼ばれる。

　宇宙にある原子のほとんどは、水素原子とヘリウム原子の形で宇宙空間に広がって存在している。これらは星と星の間の宇宙空間に、単純な原子として希薄に広がって存在する。ヘリウムよりも重い重元素や分子もあるが、水素原子とヘリウム原子に比べればわずかな量しかない。水素原子とヘリウム原子はビッグバン元素合成でつくられたために量が多い。それより重い重元素はほとんどが星の活動によってつくられたもので、量も少ない。私たちの身の回りにある元素は重元素がほとんどだが、それは地球という惑星が、そうした貴重な重元素の集まった場所だからだ。重元素は生命にとって必要不可欠なものだが、地球は宇宙の中でも生命にとって特別に都合のよい場所なのだ。

星は重元素の工場

　宇宙に存在する原子のうち、1割ほどが星として存在している。星は私たちが空を見上げると真っ先に目に飛び込んでくるので、宇宙の典型的なイメージとなっている。だが、実際には星は宇宙のごくわずかな一部をつくっているにすぎない。星自体は、ほとんどが水素原子とヘリウム原子でできている。

　星は重元素をつくる工場だ。十分に重い星の中心部では、核融合反応が起きる。そして、水素やヘリウムを材料にして炭素

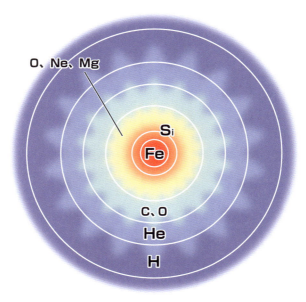

図3-2　超新星爆発直前の重い星の内部構造　　　参考：理科年表ホームページ

や酸素などさまざまな元素がつくられていく。太陽の中心部でも核融合反応が起きているが、まだ水素をヘリウムにしている段階だ。太陽もあと60億年もすれば、中心部で炭素や酸素をつくりだすようになる。もっと重い星の中では、鉄やそれより軽いさまざまな元素がつくられる。十分に重い星は最後に超新星爆発という壮絶な運命を迎え、そのときの衝撃で鉄より重い元素もつくられるとともに、重元素が宇宙空間にばらまかれる。そう、私たちの体をつくっている重元素は、もともと星の中にあったのだ。

4 ニュートリノとは

　私たちが素性を知っている成分のうち、原子でもなく、電子や光でもないものがある。それがニュートリノという粒子だ。ニュートリノはほかの粒子との相互作用がきわめて弱く、実際に検出するのがかなり難しい。日本では、岐阜県の神岡鉱山にスーパーカミオカンデというニュートリノ検出装置が設置されている。ニュートリノはごく稀に水と反応して微弱な光をだす。その微弱な光をとらえられるように設計された巨大な水タンクだ（**図3-3**）。このような巨大な装置でようやくいくらかのニュートリノが検出できる。

　ニュートリノは私たちに感じられないだけで、宇宙空間には広く豊富に存在している。星の核融合反応でもニュートリノが宇宙空間に放出されるが、ほとんどのニュートリノはビッグバン元素合成の過程で放出されたものだ。これを宇宙ニュートリノ背景放射と呼ぶ。宇宙マイクロ波背景放射とともにビッグバ

図3-3　スーパーカミオカンデの内部
出典：東京大学宇宙線研究所神岡宇宙素粒子研究施設

ンの名残りであるはずだが、あまりにもエネルギーが低く、宇宙ニュートリノ背景放射を直接検出することは困難だ。理論的には角砂糖ほどの体積（1立方センチメートル）あたり100個ほどのニュートリノが存在している。いまこの瞬間にも私たちの周囲にそれだけのニュートリノがあるはずだが、なんの痕跡も残さずに物質を通り抜けてしまうため、その存在に気づくことはできない。

5 未知の物質、ダークマター

　原子などを除く宇宙のほとんどの成分は、ダーク成分と呼ばれる種類のものだ。ここでダークとは暗いという意味と同時に、正体不明のものという意味もある。つまり、ダーク成分は光を発することがない正体不明の成分だ。暗黒成分とも呼ばれる。正体不明とはいえ、その存在は重力の影響を通じて垣間見ることができる。

　ダーク成分にも2種類あり、その1つは比較的古くからその存在が確からしいといわれていたダークマターだ。暗黒物質とも呼ばれる。ダークマターは直接光をだしたり吸収したりしない。だがダークマターがあると、ほかの天体の運動や、ほかの天体からの光の進路に影響をおよぼす。このため、間接的にダークマターの存在を知ることができるのだ。

　ダークマターが存在するという兆候がとらえられたのは、すでに80年以上も昔のことである。天文学者フリッツ・ツビッキーは1933年、かみのけ座銀河団に含まれる銀河の運動を解析することにより、銀河団の質量を見積もった。その質量は、かみのけ座銀河団に含まれている銀河をすべて足し合わせたものよりもはるかに大きかった。このため彼は、銀河と銀河の間のなにもないように見える空虚な空間に、見えない物質ダークマターが大量にあると考えた。

　その後しばらくは目立った進展はなかったが、1970年、天文学者ベラ・ルービンたちによって渦巻き銀河の回転速度が精度よく測られるようになると、ますますダークマターの存在が確からしくなってきた。渦巻き銀河は円盤状の銀河で、外側へ行

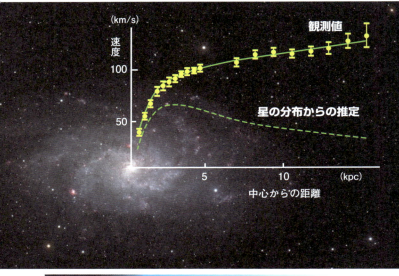

図3-4 M33銀河の回転曲線。回転の速さを半径の関数として表したもの。星以外に大量の物質がないと、観測値を説明できない

けば行くほど急激に星が少なくなっている。ところが、星の回転運動を調べてみると、星がかなり少ない場所にもなにか見えない質量が大量にあるとしなければ、観測結果のつじつまがあわないのだ。

 ## 重力レンズでダークマターを「見る」

最近では重力レンズ効果という方法を使うことによって、ダークマターの存在をもう少し直接的に観測することができるようになった。ダークマターの集まっている方向を見てもダーク

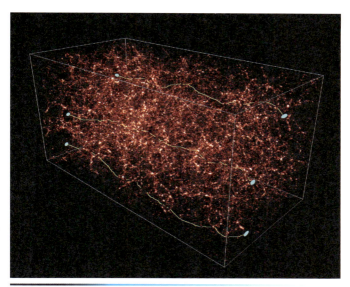

図3-5 非一様なダークマター中を銀河からの光が通過すると、経路が曲げられて像が歪められる
出典：Y. Mellier & S. Colombi, IAP

マター自体は見えないが、その奥にある銀河からの光はダークマターを通過して私たちまでやってくる。その光はダークマターのつくりだす重力の影響を受けて、進路がわずかに曲げられる。ダークマターがレンズのような役割を果たすのだ。これを重力レンズ効果という。いびつなレンズを通過してきた像が歪んで見えるのと同様に、重力レンズ効果を受けると銀河の像が歪められる。その歪みを詳細に分析すると、ダークマターがどのくらいそこにあるのかがわかるのだ。

銀河団に付随するダークマターは重力レンズ効果によって数多く観測されている。なかでも**図3-6**は弾丸銀河団という有名なものだ。ここに写っている銀河画像は光学望遠鏡によって観

図3-6　弾丸銀河団の銀河（画像）、ガス状物質（赤）、ダークマター（青）
出典：Credit： X-ray： NASA/CXC/CfA/ M.Markevitch et al.;
Lensing Map： NASA/STScI; ESO WFI; Magellan/U.Arizona/ D.Clowe et al.
Optical： NASA/STScI; Magellan/U.Arizona/D.Clowe et al.;

測されたもので、青い色はダークマターのある場所を示し、赤い色は原子などでできたガス状の物質のある場所を示している。後者はX線観測によって求められたものだ。

　この銀河団は、2つの銀河団が衝突した直後という変わった状態にある。ガス状物質もダークマターも2つに分裂しているのは、そのせいだ。ここで、ガス状物質よりもダークマターのほうが遠くへ分離しているのが見てとれる。これは、ダークマターというものが重力以外の相互作用をほとんどしないためだ。相互作用をしないと自分自身やほかの物質をすり抜けてし

まう。このため、衝突した場所から遠く離れたところへ行くことができるのだ。一方、ガス状物質は自分自身と相互作用をするので、ダークマターのようにはすり抜けることができず、衝突した場所からあまり遠くへ行かれない。このため真ん中近くにたまっている。

ダークマターの正体はいまだ不明

このように、現代では宇宙空間に存在するダークマターの様子がかなりよくわかるようになっていて、単なる理論上の仮説という域を大きく超えている。とはいえ、その正体がなにかはいまだに謎だ。宇宙観測でわかるのは、ダークマターが質量をもつ物質のようなものということだけである。つまり重力の相互作用をするなにものかということだ。

理論的な仮説にもとづいて、未知の素粒子がダークマターの正体ではないかという推測がある。この場合、重力以外に弱い相互作用をするのであれば、実験的に直接検出できる可能性がある。実際、ニュートリノはそういう粒子であり、以前にはダークマターの有力候補とされていた。だが、宇宙観測で得られているダークマターの性質を説明できないことがわかり、現在では、ニュートリノはダークマターの主要成分ではないことが知られている。少なくとも、私たちが確実に存在すると知っている粒子では説明できないことがはっきりしている。そこで、弱い相互作用をする未知の素粒子を検出してダークマターの手がかりを得ようとする実験が世界中で行われている。いまのところ確実な証拠は見つかっていない。

8 ダークエネルギーという謎の成分

　宇宙の構成成分のうちもっとも主要なものは、私たちのよく知っている原子でもなければ、未知の物質ダークマターですらもない。もっとも主要な成分は、全体の7割近くを占めているダークエネルギーである。その存在は謎に満ちたものであり、現代宇宙論、そして現代物理学のなかでも最大のミステリーの1つだ。

　ダークエネルギーはとんでもなく奇妙なもので、そこに私たちが知っている物質やエネルギーの常識は通用しない。ひと言でいえば、ダークエネルギーとは空間に広がったエネルギーなのだが、宇宙が膨張してもその密度が薄まらないという際立った特徴をもつ。ふつうの物質は、体積を増やせば密度が薄まるのに、ダークエネルギーについてはなぜかそうなっていないのだ。このような性質をもつ物質はほかにはない。だが、この奇妙な性質は現実の宇宙を説明するのにどうしても必要なのである。

　一般相対性理論のアインシュタイン方程式によれば、ダークエネルギーが空間にあると、それは宇宙膨張の速さを速めようとする力になる。一方、ダークマターや通常の物質がもっているエネルギーは、逆に宇宙膨張の速さを遅くしようとする力になる。もし宇宙にダークエネルギーがなければ、宇宙の膨張は徐々に遅くなっていくはずだ。ところが現実の宇宙は膨張がどんどん速くなっていたのである。

9 現在の宇宙は加速的に膨張している

　図3-7には、宇宙膨張の様子を表す4つのパターンがグラフで示されている。横軸は現在を0とした時間を表し、縦軸は現在の宇宙の大きさを1とした相対的な宇宙の大きさを表している。宇宙の大きさがゼロになる場所は、ビッグバンに対応する。そこから宇宙がどのように膨張してきたかを表すグラフだ。曲線の傾きは宇宙膨張の速さを表す。ダークエネルギーがないときには、かならず宇宙膨張の速さは減っていく。すなわち減速宇宙だ。グラフでは、青、緑、橙の各線に対応する。ダークマターの量が多いほど、減速の度合いが強くなり、あまり多すぎ

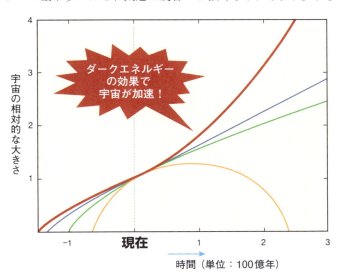

図3-7　宇宙膨張の2つのパターン。ダークエネルギーがない場合（青、緑、橙）とある場合（赤）

出典：NASA/Goddard Space Flight Center

ると宇宙は将来収縮に転じてつぶれてしまう（橙線）。

　ダークエネルギーがある場合はグラフで赤線に対応する。この場合であっても、最初のうちは減速宇宙となる。宇宙が小さいうちは、ダークエネルギーの効果が小さいためだ。ダークエネルギーは宇宙の体積に比例して大きくなるので、宇宙が膨張すればするほどその効果が大きくなる。そしていったんダークエネルギーが効果をもてば、ますます宇宙が大きくなり、さらにますますダークエネルギーが効果を発揮するようになる。こうして宇宙の膨張が加速していく。

10　加速する宇宙の発見

　1990年代前半よりも以前には、標準的な考え方としてダークエネルギーはないもの、と考えられるのがふつうだった。この場合、宇宙にあるダークマターや通常物質の量によって、宇宙

図3-8　銀河NGC4526に現れた超新星SN1994D（左下に輝く天体）
出典：NASA/ESA, The Hubble Key Project Team and The High-Z Supernova Search Team

膨張の減速の強さが決まる。このため、宇宙膨張の減速がどれくらいなのかを精密に測ろうとする競争が繰り広げられていた。ところが、現実には宇宙膨張の減速ではなく、加速が測定されてしまった。

1998年、米国の物理学者サウル・パールムッター率いる観測チームと、オーストラリアの天文学者ブライアン・シュミット率いる観測チームはそれぞれ独立に、遠方にある超新星を用いて宇宙膨張が加速していることを見いだしたのだ。それ以前にもダークエネルギーの兆候はほかの観測によって示唆されていたのだが、この超新星による観測は宇宙の膨張が加速していることを直接的に示す画期的なものだった。

11 ダークエネルギーの正体

それ以来、宇宙を加速膨張させるダークエネルギーがなにものなのか、宇宙論の大きな謎として研究されてきたが、依然として未解決のままだ。好ましいとはいえないがもっとも簡単な解決方法は、アインシュタインが最初に導入した宇宙項に頼ることである。宇宙項とは、宇宙が膨張や収縮をせずに静止したまま不変に保たれるよう、アインシュタインが自分の方程式につけ加えた項のことだ。宇宙に物質のエネルギーしかなければ、その間に働く引力のため、宇宙は自然に収縮しようとする。その収縮力を打ち消すために膨張力となる宇宙項をつけ加えた。だが、物質の収縮力よりも宇宙項の膨張力が勝れば、宇宙は加速的に膨張するようになる。

宇宙項は、真空のエネルギーと同じ効果をもつ。真空のエネ

ルギーがインフレーションの原因になるのと同じで、宇宙項は宇宙を加速的に膨張させるのだ。ただ、現在の宇宙膨張はインフレーション期ほど急激なものではない。このため、つけ加えるべき宇宙項の値は桁外れに小さなものになる。すると今度は、その小さな値がどこから生じたのかが問題となる。

　ここでも、インフレーション理論の場合と同じ問題が現れる。すなわち、真空エネルギーがダークエネルギーの正体だとすると、その真空エネルギーの起源を説明しなければならない。私たちがよく知っている素粒子の理論では説明がつかない。そこで、仮説的な理論が数多く提案されている。それらのうちどれが正しいかどうか、現在のところは判別できていないのが現状だ。また、ダークエネルギーなしで宇宙の加速的な膨張を説明しようとする立場も考えられないわけではない。理論的にはかなり混迷した状況にあるのが現状だ。

図3-9　謎のダークエネルギーが宇宙を加速させる

SECTION 4

宇宙の進化

宇宙の確実な歴史

　この章では、現代物理学によって解明されている宇宙の歴史について、時間順序に沿って見ていくことにしよう。第2章の前半では、量子的な宇宙創世やインフレーション理論についてくわしく述べたが、それらはまだ仮説的な理論の域を脱しておらず、どれほど確実なものかどうかを述べることは時期尚早である。

　確立した現代物理学の範囲内でいえることは、宇宙が始まってからだいたい0.000000000001秒(10^{-12}秒)ごろよりも以後のことだ。この時期よりも以前には、宇宙全体が1000000000000000ケルビン(10^{15}K)よりも高い温度になっている。そうした高温状態における物理法則が知られていないのだ。もしインフレーションが起きたとしても、それより昔の出来事なので、そこは確実な物理法則が知られていない領域に属している。

　そこで、ここからはいったん宇宙ができたあと、熱い火の玉宇宙であるビッグバン宇宙から始め、それがどのように現在の宇宙になってきたかを見ていくことにしよう。それ以前の宇宙と違って、ここからは理論的な推測をともなう不確実な世界ではない。十分な根拠をもって宇宙の歴史を語ることができるのだ。

　ビッグバン宇宙の初期には、私たちになじみ深い宇宙の姿はない。私たちの宇宙には惑星や星、銀河などの豊富な構造があるが、初期宇宙にはこうした目立つ構造と呼べるようなものはなに1つなかった。微少な揺らぎを除けば、宇宙のどこもかしこも同じような場所だったのだ。すると、宇宙にある物質やエネルギーの成分とその温度だけで、宇宙の特徴をほぼ言い表す

ことができる。

　初期の宇宙は小さかったため、ダークエネルギーの効果は無視できるほど小さい。宇宙が小さければ小さいほど、物質やエネルギーの密度が濃くなる。こうしたものは素粒子でできている。したがって、そこにある素粒子の種類と温度で宇宙の状態を表すことができるのだ。つまり、宇宙初期は素粒子の世界だといえる。

2　素粒子の種類

　初期の宇宙でなにが起きているのかを見るためには、素粒子について多少の知識が必要だ。そこで、私たちに知られている素粒子の種類をここで見ておこう。素粒子というのは、それ以上分解のできない基本的な粒子と考えられるもののことだ。現在のところ、この世界に確実に存在すると知られている素粒子は**図4-1**に示されているものがすべてだ。クォークとレプトンには、それぞれ電荷の値が逆でほかの性質がそっくりの反粒子も存在する。たとえば、電子はマイナスの電荷をもつが、電荷がプラスになっている以外は電子とそっくりの性質をもつ反電子というものが存在する。

　いま、読者の目の前に広がって見える世界のすべては、ここに示された素粒子のいくつかが組み合わされてできているのだ。世の中がきわめて変化に富んでいるのに比べれば、ひどく種類が少ないともいえる。原子核をつくっている陽子や中性子は、以前には素粒子だと思われていたが、実際にはクォークとグルーオンという素粒子でできている。一方、電子はいまも昔

図4-1 標準理論における素粒子の種類

もそれ以上分解できない素粒子だと考えられている。

また、私たちの周りに満ちあふれている光も、光子という素粒子に分類される。光は波なのに素粒子だというのは奇妙に思われるかもしれないが、第2章で説明した量子論によれば、素粒子というのは波と粒子の性質をあわせもつ存在なのだ。

出典：Andrew Purcell/CERN 2015 - CERN Publications, DG-CO

　陽子と中性子はアップクォークとダウンクォークが3つ組になってできている。アップクォークが2つとダウンクォークが1つで陽子になり、アップクォークが1つとダウンクォークが2つで中性子になる。グルーオンはクォーク同士をくっつける役割をするので、陽子や中性子の中に含まれているといってよい。

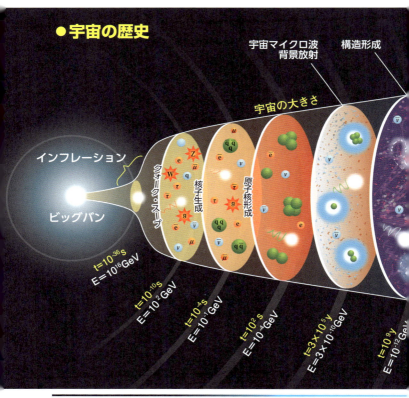

図4-2 素粒子的宇宙の歴史

陽子と中性子で原子核ができていて、原子核と電子で原子ができている。さらに電子と原子核を結びつけるのが光子なのだ。私たちの身の回りにある物質はすべて原子でできているので、もとをたどればすべてここにでてきたアップクォーク、ダウンクォーク、グルーオン、電子、光子だけでできている。

その他の素粒子は私たちの日常的な状況では目立った役割

第4章 宇宙の進化

参考：Particle Data Group at Lawrence Berkeley National Lab LBNL©2015

を果たしていないように見えるが、実際にはこの世界をつくりあげるのにどれもなくてはならないものなのだ。図4-1の右に書かれている重力子というのは、重力の量子論が正しければあるだろうとされている仮説的粒子だ。第2章で説明したように、重力の量子論は理論的な矛盾を抱えていて完成していない。だが、素粒子に働く重力は実験的に問題にならないほど小さいた

め、素粒子の標準理論では重力が無視される。重力子を除けば、この図に現れる素粒子はすべて実験的に存在が確認されている。私たちの周りの複雑な世界がたったこれだけの種類の素粒子だけで説明できるというのは、恐るべきことにも感じられるだろう。

素粒子的な観点から初期宇宙の歴史をまとめたのが**図4-2**である。

クォーク・スープから核子の形成へ

宇宙年齢が0.000000000001秒より前には、あまりの高温高密度のため、素粒子の標準理論に含まれるすべての粒子が相互

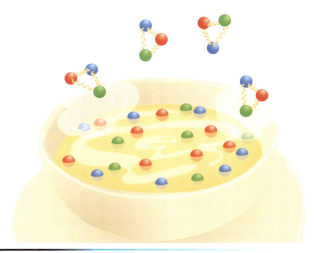

図4-3 初期の宇宙はクォークで満ちたスープのようだった

作用によってできたり消えたりを繰り返す。宇宙の中は、これらすべての粒子でぎっしりと詰め込まれた状態になっている。原子や原子核というものはなく、それらはクォークなどに分解してしまっている。クォークはグルーオンをだしたり吸収したりしながらほかの素粒子とごちゃまぜになって、スープのような状態になっている。この状態はクォーク・スープと呼ばれる。ダークマターは素粒子の標準理論に含まれていないが、それが未知の素粒子であれば、そのダークマター粒子もすでにこの段階で存在しているはずだ。

宇宙が膨張すると、徐々に宇宙が冷えてくる。すると、素粒子のなかでも重い粒子はクォーク・スープの中に消え去っていく。消滅してほかの粒子になることはできても、エネルギー的にほかの粒子から生成されることがないためだ。こうして、宇宙年齢が0.000000000001秒ごろから0.000001秒ごろまでに、ヒッグス粒子、トップクォーク、W粒子、Z粒子、ボトムクォーク、タウ粒子、チャームクォークの順に消滅していく。

宇宙年齢が0.0001秒ごろになると、クォークがお互いにくっつき始める。クォークは密度が低いと単独で存在できないのだ。このときに、クォークが3つ集まって陽子や中性子ができる。陽子と中性子は原子核をつくる粒子なので、総称として核子と呼ばれる。核子のほかにもアップクォーク、ダウンクォーク、ストレンジクォークが集まってできるラムダ粒子というものや、2つのクォークが集まってできるパイ中間子というものもできる。だが、ラムダ粒子やパイ中間子はできてもすぐに消滅してしまう。さらに、このあたりでミュー粒子も消滅する。こうしてあとに残されるのは、陽子、中性子、光子、電子、反電子、および3種類のニュートリノと反ニュートリノだけになる。

4 ビッグバン元素合成

　宇宙年齢が1秒ぐらいになると、電子と反電子がそれ以上つくられなくなり、反電子はほとんど消滅してしまうが、電子は陽子と同じ数だけあとに取り残される。これは、宇宙が全体として電気的に中性という性質のためで、この時点で電荷をもつ粒子は電子と陽子だけとなる。

　そして、宇宙年齢が100秒ほどになると、第2章でくわしく述べたビッグバン元素合成がいよいよ本格的に始まる。**図4-4**は、いろいろな原子核のできる様子を、グラフとして示したものだ。横軸は宇宙年齢を秒単位で表したもので、縦軸は各時点で宇宙に存在する原子核を重さの比で表している。

　最初はほぼ陽子（H）と中性子（n）しかないが、徐々に重水素（D）がつくられ、次にヘリウム4（^{4}He）、3重水素（^{3}H）、ヘ

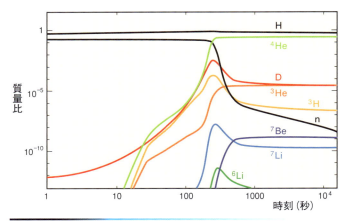

図4-4　ビッグバン元素合成における原子核質量比の時間変化

リウム3（^{3}He）がつくられていく。宇宙年齢が3分前後のとき、ビッグバン元素合成が大きく進む。中性子のほとんどはヘリウム4原子核の中に取り込まれ、自由な中性子の数は激減する。また、微量ながら、リチウム7（^{7}Li）、リチウム6（^{6}Li）、ベリリウム7（^{7}Be）などの重い原子核もつくられる。自由な状態の中性子は放っておくと陽子と電子とニュートリノに分解してしまうため、徐々に数が減っていく。

　宇宙初期に存在する元素は、このように簡単なものだけだった。これらよりも重い元素はおもに星の活動によって生まれる。現在の宇宙で、星から放出された重元素の影響を受けていない場所を観察すると、ビッグバン元素合成から予測される元素の存在比とほぼ一致する。この事実は、ビッグバン理論の正しさに対する強い根拠の1つである。私たちとは時間的に大きく隔たった宇宙初期のことが、私たちの周りのことを説明するための原子核物理学を使ってこれほどよく説明できるというのは、考えてみれば不思議なことだ。

5 宇宙の晴れ上がり

　ビッグバン元素合成の時期が終わると、しばらくは何事も起こらず、宇宙がそのまま膨張する。この間、原子核と電子は別々に行動する。つまり、原子はイオン化した状態で存在して、電子は自由な状態で宇宙空間を動き回っている。こうした状態を物質のプラズマ状態という。宇宙全体の温度が高いうちは、原子核と電子がいっしょになって中性の原子になろうとしても、大きなエネルギーをもつ光子によってすぐに引き剥がされてし

まうのだ。

　だが、宇宙全体の温度は徐々に下がってくるので、いずれは中性原子が存在できるようになる。宇宙年齢で約28万年ごろを境にして大多数の電子と原子核が結合する。宇宙にはイオン化した原子や自由な電子がほとんどなくなって、宇宙全体が中性化するのだ。

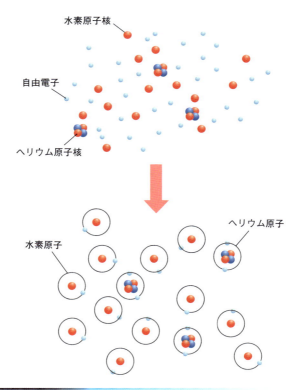

図4-5　電子と原子核が結合して、宇宙全体が中性化する

宇宙が中性化すると、単独で自由に動き回る電子の数が極端に少なくなる。また、この時点では宇宙に光が満ちているが、それにも大きな影響が生じる。光は電子に進路を遮られるという性質があるので、自由電子が多いところをまっすぐに進むことができない。ところが、宇宙が中性化してしまえば、自由電子がほとんど原子に取り込まれ、そこにあるのは中性原子ばかりとなって、光の進路をじゃまするものがいなくなる。

つまり、これ以降は光がまっすぐ進めるようになるのだ。宇宙が透明になったといってもよい。それはちょうど、曇り空が一気に晴れ上がったかのようだ。そこでこれを「宇宙の晴れ上がり」と呼ぶ。この名前は日本語独自のもので、宇宙物理学者、

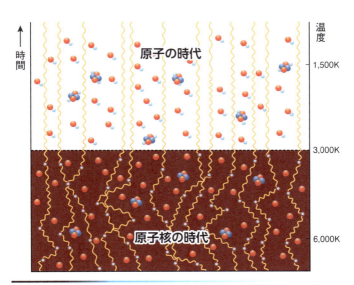

図4-6 宇宙の晴れ上がり。宇宙の温度が約3000Kより低くなると、光が電子にじゃまされずにまっすぐ進めるようになる
出典：Eric Chaisson, Steve McMillan: Astronomy Today (7th Edition, Addison-Wesley 2010)

佐藤文隆氏による命名だ。国際的には「光の脱結合」という素っ気ない名前で呼ばれている。

光がまっすぐに進めるようになるのは、自由電子の数がかなり少なくなってからだ。このため、宇宙の晴れ上がりは、原子の中性化が十分に進行した後にようやく起きる。それは原子の中性化が活発に起きている時点よりも少し遅く、宇宙年齢が約37万年のころとなる。

6 宇宙マイクロ波背景放射

宇宙の晴れ上がりのころはまだ宇宙の温度が約3000ケルビン（ほぼ2700℃）程度で、この温度では宇宙全体が光り輝いている状態だ。この温度では光の波長が可視光程度になっている。もしその当時を目で見ることができるなら、宇宙全体がちょうど白熱電球と同じような黄色になっている。

この光は宇宙全体にわたって存在し、あらゆる方向に向かってまっすぐ進むという性質をもつ。晴れ上がりのときには可視光だった光も、その後さらに宇宙が膨張していくにつれて、だんだん波長が長くなる。それに対応して、宇宙の温度が下がっていく。宇宙の温度というのは、宇宙の大きさに反比例して下がる。

図4-7に示される色と温度の関係にもとづき、宇宙に満ちて

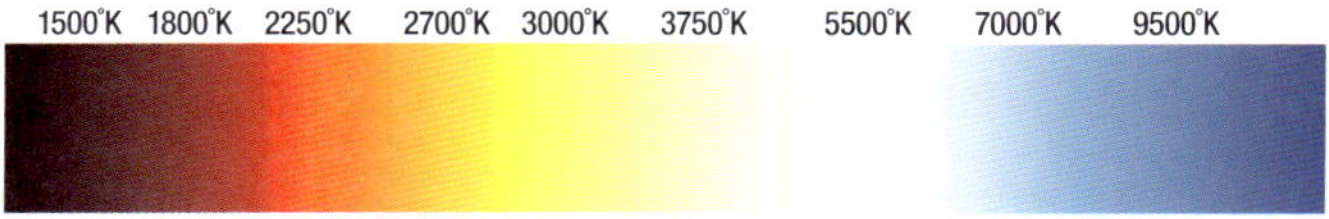

図4-7　色と温度の関係（色温度）

いる光の色はだんだんと赤くなっていく。そのうちに可視光の領域を外れて目には見えない光となる。赤外線から遠赤外線を経由して、最終的には電波になる。現在の宇宙の温度は大きく下がっていて、約2.7ケルビン（ほぼマイナス270.5℃）だ。現在の宇宙は晴れ上がりの時点よりも約1100倍に大きくなったので、ケルビン温度は約1100分の1になったのだ。

こうしてつくられた電波が、私たちに観測される宇宙マイクロ波背景放射となる。はるばると138億年かけて私たちのところへやってきてくれたことに感謝したいものだ。

7 宇宙の暗黒時代

宇宙の晴れ上がりのとき、宇宙には目立った構造がなく、宇宙全体がきわめて均一な状態だった。とはいえ、均一な中にもわずかな非均一性があった。割合にすればだいたい千分の一という微小なレベルだ。つまり、物質の密度が宇宙全体でほぼ一定になっていて、わずか0.1パーセントほどの密度の濃淡があったにすぎない。

第1章の図1-15と第2章の図2-29に示された宇宙マイクロ波背景放射の温度ゆらぎは、宇宙の晴れ上がり時における密度の濃淡と関係している。ただし、温度ゆらぎは光に対するエネルギーの濃淡を表していて、それは物質密度の濃淡よりもだいぶ小さくなる。これは、密度の濃淡を担っているのが物質の主要成分であるダークマターであり、ダークマターは光と相互作用できないという事情による。このため、光のエネルギーの濃淡である温度ゆらぎは数万分の一のレベルだ。

いずれにしても、宇宙マイクロ波背景放射に温度ゆらぎが観察できるということは、宇宙の晴れ上がり時点で宇宙の密度に濃淡があったということの証拠だ。密度の濃淡というのは、最初に小さくても、時間とともにだんだん大きくなる。これは重力が引力としてだけ働くという特徴による。

最初にわずかに密度が濃くなっているところを考えてみよ

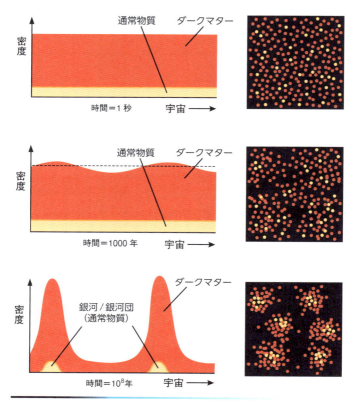

図4-8　重力の効果により、小さな密度の濃淡は時間とともに徐々に大きくなっていく
出典：Eric Chaisson, Steve McMillan: Astronomy Today（7th Edition, Addison-Wesley 2010）

う。そうした場所は、周りの密度の薄いところよりも物質を引き寄せる力がわずかに強い。このため、周りの物質が少しずつ集まってくるので、密度はさらに濃くなっていく。密度が濃くなればなるほど、周りの物質をより強く引き寄せることになり、密度は時間とともに濃くなり続ける。

逆に、最初にわずかに密度が薄くなっているところは、周りにある密度の濃いところへ物質が移動していくため、ますます密度は薄くなっていく。このようにして、密度が濃いところはさらに濃く、薄いところはさらに薄くなるように力が働くため、最初はわずかな密度の濃淡しかなくても、最終的には大きな密度の濃淡へと拡大していく。富めるものはますます富み、貧しいものはますます貧しくなる、という格差社会のようなものだ。

最初はほとんど均一な宇宙から、だんだん密度の濃淡が大きな宇宙になる。その様子をコンピュータ・シミュレーションで計算して図示したものが、**図4-9**だ。ダークマターに対応する多数の粒子がこの立方体の中にばらまかれている。宇宙膨張にともない立方体全体が膨張しているが、図では同じ大きさに描かれている。最初はあまりダークマターの密度に濃淡が見られないが、徐々に濃淡が大きくなっていくのがわかる。十分に時間が経過すると、第1章で説明した宇宙の大規模構造と同じような構造ができているのが見てとれるだろう。ボイド構造やフィラメント構造が形成されている。

このシミュレーションは、ダークマターの空間的な分布が時間的にどう変化するかを表したものだ。宇宙の大きな構造はダークマターのつくりだす重力がもとになってできている。だが、星や惑星や私たち自身は、原子がもとになってできている。原子もダークマターのつくりだす重力に引き寄せられるので、

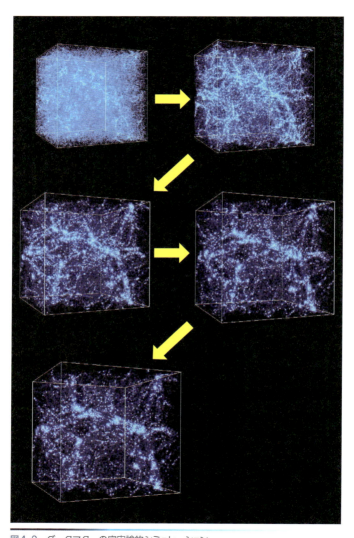

図4-9 ダークマターの宇宙論的シミュレーション
出典：Andrey Kravtsov and National Center for Supercomputer Applications

ダークマターがたくさんあるところには原子もたくさん集まる。したがって、大きなスケールに着目すれば、だいたい原子などの成分もダークマターと同じような分布をする。だが、ダークマターと異なり、原子には重力以外の力も働くので、細かく見るとダークマターとまったく同じように分布するわけではない。

原子は最初、水素やヘリウムでできた中性原子として宇宙空間にばらまかれている。それがダークマターの集まる場所に引き寄せられるかたちで集合してくる。ダークマターについては、ある程度密度が濃くなると、あまり小さく集合することができない。ダークマターの粒子はバラバラな速度をもっているため、1つの場所へ小さく集合しようとしても、勢い余ってある程度広い範囲にばらけてしまうからである。

一方、原子はダークマターとは異なり、重力以外の相互作用をする。特に、原子同士が衝突すると、そこから光が放出され

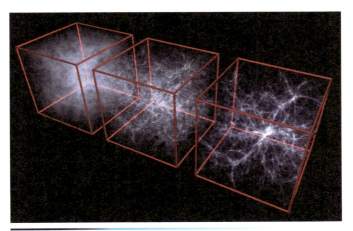

図4-10　天体形成の宇宙論的シミュレーション

出典：Volker Springel and MPA Garching

る。このとき、もともと原子のもっていた運動エネルギーが光となって宇宙空間に飛び去っていく。このため、原子はダークマターよりも速度が小さくなり、より小さく集合できるようになる。こうして星が生まれるのだ。

ダークマターに加えて、原子ガスと星の形成も含めたシミュレーションの例が図4-10だ。白っぽいところは原子ガスのあるところを表し、黄色い点は星が形成されたところを表している。原子ガスが濃く集まるところに星ができていることがわかるだろう。この星形成シミュレーションはおおまかな近似にもとづいてはいるものの、基本的にはこうして最初の星ができていく。最初の星、すなわち宇宙の一番星ができるのは、宇宙年齢が約1億年のころだと考えられている。それまで暗闇だった宇宙に星の光が灯ると、宇宙の暗黒時代は幕を閉じるのだ。

8 初期の銀河は不規則な形をしている

私たちの天の川銀河系を始め、現在の宇宙には比較的大きな銀河ができている。それらは渦巻き模様をもつ円盤状をした渦巻き銀河か、あるいは模様のあまりない楕円形をした楕円銀河の2種類に分類される。だが、銀河は最初からそのように整った形をしていたわけではない。最初にできた銀河はもっと小さく、不規則な形をしていた。

図4-11はハッブル・ウルトラ・ディープ・フィールドという銀河観測によって得られた遠方銀河の画像だ。なかでも極端に遠くにある初期の銀河が下の列に拡大して示されている。これら5つの銀河は宇宙年齢が10〜15億年だったころの宇宙にあ

る。あまりにも遠方にあるためはっきりとした輪郭が見えないとはいえ、どれも不規則な形をしていることが見てとれる。しかも、その大きさは天の川銀河系よりもはるかに小さい。これらの銀河は、各々が1つの整った銀河というよりも、複数の小

図4-11 ハッブル・ウルトラ・ディープ・フィールドによって観測された、遠方宇宙にある銀河の数々

出典：NASA, ESA, and N. Pirzkal (STScI/ESA)

さな銀河がお互いに力をおよぼしあって変形しているか、あるいは合体して大きな銀河になろうとしている途上にあると考えられている。昔の宇宙では、銀河の衝突や合体が現在よりもひんぱんに起きていたことになる。

いろいろな形をした銀河

　銀河とは宇宙空間に孤立した星の集団だ。銀河にはどれ1つとして同じものはなく、1つひとつが強い個性をもっている。こうした多様な個性は銀河の形成過程の違いによって生じるが、くわしい具体的な条件がどういうものなのかは現代天文学においてもまだ謎が残る問題だ。

　現在の宇宙に見られる銀河を見た目で分類する方法の1つが、図4-12に示されている。これは、最初に天文学者エドウィン・ハッブルにより考案された分類方法をもとにしたものだ。もっ

図4-12　ハッブルの形態分類図　　　　　　　　　出典：Galaxy Zoo Project

とも丸い形をした楕円銀河をE0銀河と呼ぶ。また、つぶれた形をした楕円銀河は、そのつぶれぐあいに応じてE1銀河、E2銀河、などと続いていく。EはEllipticalの略で、その後ろに続く数字が大きいほど、つぶれた形の楕円銀河に対応する。図の中央にあるS0銀河とSB0銀河は、楕円銀河と渦巻き銀河の中間的な形状をしたもので、レンズ状銀河とも呼ばれる。S0銀河とSB0銀河の違いは、中央部に棒状の形が見られるかどうかである。BはBarredの略で、この記号により棒状構造を表している。Sa銀河、Sb銀河、Sc銀河は棒状構造の見られない渦巻き

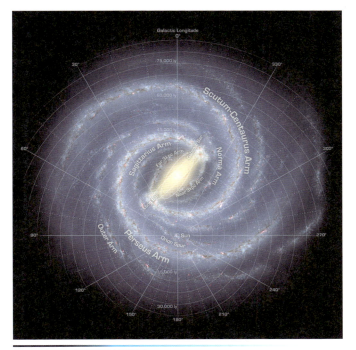

図4-13　天の川銀河系の想像図　　出典：NASA/JPL-Caltech/R. Hurt (SSC-Caltech)

銀河であり、この順番で渦の巻き方がゆるくなっていく。渦巻き銀河の中心部には、特に星が多く集まる部分があり、バルジと呼ばれる。SBa銀河、SBb銀河、SBc銀河は棒状構造の見られる渦巻き銀河であり、同様にこの順番で渦の巻き方がゆるくなっていく。棒状構造はバルジを貫くような配置をしている。最後に、これらの分類に入らない不規則な形の銀河を不規則銀河またはIrr銀河と呼ぶ。IrrはIrregularの略である。

天の川銀河系は、私たちのいちばん近くにある銀河にもかかわらず、近すぎてその全体形を観察することができない。だが、可視光だけでなく赤外線など別の波長の電磁波を用いることにより、その形が推定されている。現在のところ、棒状構造をもつSBb銀河に近い形をしていると考えられている（**図4-13**）。

銀河の形による分類は、現在に近い宇宙にある銀河に対して有効だ。前節で述べたように、初期の宇宙に見られる銀河はほとんどが不規則銀河に分類されてしまう。こうして分類される銀河がどのようにできてきたのか、どういう条件のときにどういう形の銀河ができるのか、まだはっきりと解明されていないところもある。また、この節で述べた分類は、おもに可視光で見た銀河の形にもとづいている。ほかの波長の電磁波で観測すれば、また違った側面が見えてくることになり、銀河の性質はさらに多様なものであることがわかっている。

活動的な銀河と超巨大ブラックホール

多くの銀河の中心部には、きわめて大きなブラックホールが居座っていると考えられている。天の川銀河も例外ではない。

第4章　宇宙の進化

銀河の中にはほかにも大小のブラックホールがいくつもあると考えられているが、それらの比ではない大きなブラックホールなので、超巨大ブラックホールと呼ばれている。その重さは太陽の数十万倍から数百億倍という想像を絶するものだ。

　超巨大ブラックホールの周りに物質が集まってくると、物質同士の相互作用によって強烈なエネルギーを放出する。天の川銀河やその近くにある銀河の中心部は静かなものだが、それは超巨大ブラックホールの周りに物質がなくなっているためと考えられる。だが、遠方に観測される昔の銀河には、強力なエネルギーを放出するものがあり、活動銀河と呼ばれている。活動銀河の強力なエネルギーは銀河の中心部から放出されていて、超巨大ブラックホールがそこにある証拠だと考えられている。図4-14のように、物質がブラックホールのまわりに回転しな

図4-14　銀河中心部にある超巨大ブラックホールに物質が集まると、強力なエネルギーが放出される（想像図）

出典：NASA/JPL-Caltech

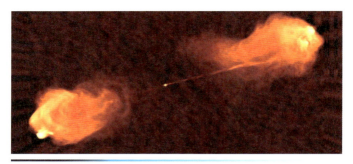

図4-15 電波で見たはくちょう座A銀河の姿　　　　出典：NRAO/AUI

がら集まって円盤状になり、その回転軸の上下には高速粒子が放出される。

　可視光で見ると通常の銀河のように見えても、強力な電波を放出している場合もある。たとえば、**図4-15**は、電波を使って見たはくちょう座Aという銀河の中心部の姿だ。この銀河は可視光で見ると巨大楕円銀河だが、電波ではまったく違った姿を見せる。中心部の白っぽい点の部分に超巨大ブラックホールがあり、そこから左右に高速電子が放出され、少し離れたところに2つの大きな塊となって溜まる。電子の運動によって電波が放出されるため、その様子が手に取るようにわかるのだ。

11　銀河団と超銀河団

　星や銀河が最初につくられてから、それより大きな構造である銀河団がつくられると考えられている。つまり、銀河の集団である銀河団は、先にできた銀河が集合してできた。このように、宇宙の構造は小さいものから大きいものへ順番につくられ

第4章 宇宙の進化

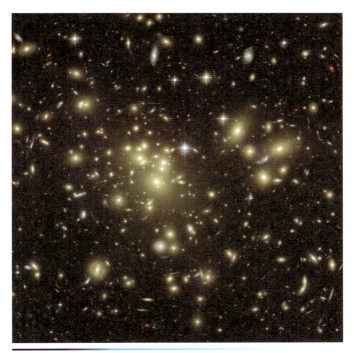

図4-16 銀河団Abell 1689の中心部

出典：NASA, N. Benitez (JHU),
T. Broadhurst (Racah Institute of Physics/The Hebrew University),
H. Ford (JHU), M. Clampin (STScI), G. Hartig (STScI),
G. Illingworth (UCO/Lick Observatory), the ACS Science Team and ESA

るというおおまかな傾向がある。これをボトム・アップ型構造形成という。

過去の説としては、これとは逆に、まず銀河団の元になる構造ができてから、それが分裂して銀河になったということも考えられた。これは大きなものから小さなものへと構造がつくられるという逆の説であり、トップ・ダウン型構造形成という。トップ・ダウン型構造形成は観測の解析により現実の宇宙を反

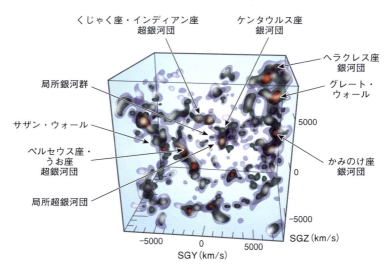
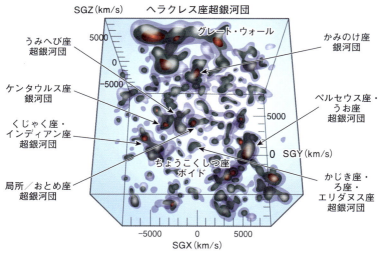

図4-17 私たちの周りにある超銀河団

出典:H. M. Courtois et al., ApJ, 146:69 (2013)

映していないことが判明している。宇宙の構造は、おおむねボトム・アップ型でつくられてきたのだ。

図4-16はハッブル宇宙望遠鏡によって撮影された巨大な銀河団Abell 1689の中心部だ。その重力は巨大で、奥にある銀河の一部は重力レンズ効果によって細長く伸びて見えている。銀河団の中心を取り囲む方向へ線のように伸びている複数の像がそれだ。この重力レンズ効果をくわしく解析すると、そこにあるダークマターの量も推定できる。

銀河団よりもさらに大きな構造が、超銀河団だ。これは銀河団よりも桁違いに大きな構造で、その中には銀河団や銀河が含まれている。図4-17は天の川銀河系を中心とした数億光年の範囲を3次元的に表した地図で、銀河の数の濃い部分が色づけされて示されている。色の濃い部分が超銀河団に対応する。上下の図は、同じ領域を異なる角度から見たものである。

これを見るとわかるように、超銀河団はあまりはっきりとした形をしていない。隣の超銀河団との境界もはっきりせず、超銀河団の間には、橋が架かっているかのようにつながった構造も見られる。これは、超銀河団がまだ1つのまとまった天体になっていないことを示している。超銀河団は大きすぎるため、現在でも形を変えながら成長している途中なのだ。

12 太陽系が生まれる

私たちが住んでいる太陽系は、天の川銀河系の外れにある。太陽系ができたのは、いまから約46億年前、宇宙年齢が92億年ごろのことだ。太陽系をつくる材料は水素とヘリウムだけで

はない。太陽系が誕生する前にあった星々から多様な元素が放出され、それが宇宙空間に漂っていたからだ。これを星間物質という。このため、太陽系の中には水素とヘリウムばかりでな

図4-18　星が生まれている現場。大マゼラン銀河のタランチュラ星雲にあるR136星団
出典：NASA, ESA, and F. Paresce (INAF-IASF, Bologna, Italy), R. O'Connell (University of Virginia, Charlottesville), and the Wide Field Camera 3 Science Oversight Committee

く多様な元素が存在する。地球はまさにそうした多様な元素でできている。硬い地面があるのも、生命が活動できるのも、すべてそのおかげなのだ。

宇宙空間に漂う星間物質は、原子や分子でできたガス、そして細かなチリ状の粒子で成り立っている。近くで超新星爆発が起きて衝撃波がやってくるなど、なんらかのきっかけにより星間物質が集められて濃く存在するようになると、そこは星間雲と呼ばれる構造になる。星間雲は重力の作用で集まり、小さくなっていく。中心部にもっとも多くの物質が集まり、それが太陽になる。太陽の中心部で水素をヘリウムにする核融合反応が始まり、太陽が輝きだす。

物質のうち99.8%は太陽の中に取り込まれてしまうが、残されたわずかな割合の物質は、太陽の周りに円盤状に広がって回転する。これを原始惑星系円盤という。一般的に、宇宙空間で広く広がっていたものが小さく収縮すると、もともともっていたわずかな回転が増幅されて、速く回転するようになる。これはちょうど、フィギュア・スケートの選手がスピンするとき、外へ伸ばした手足を縮めることで回転が早くなるのと同じ原理だ。原始惑星系円盤は、回転しながらもお互いの重力で引き合い、いくつもの小さな塊になる。それらの塊は衝突と合体を繰り返して徐々に大きな塊になっていき、そのなかでも特に大きな塊が最終的に8つの惑星となった。

太陽系に存在する物質の主成分は水素とヘリウムだが、地球にはそれらがほとんどない。水星、金星、火星も同様で、地球を含めたこれら4つの惑星は、岩石惑星と呼ばれる。岩石惑星は太陽系の中でも内側に位置しているため温度が高く、水素やヘリウムをはじめとして蒸発しやすい物質は集まることができ

ない。このため、地球上に見られる元素の成分構成は、宇宙空間にある元素の成分構成とかなり違ったものになる。そしてこのことは、人間が生きやすい環境がつくられるのにも必須の条件だ。

　木星と土星は、巨大ガス惑星と呼ばれ、水素やヘリウムが気体状になって表面を厚く覆っている。奥深くには液体状になった水素の層があり、中心部には岩石状の小さな核がある。また、天王星と海王星は、巨大氷惑星と呼ばれ、水素、アンモニア、メタンが気体状になって表面を覆い、その奥深くではそれらが固体状になっている。中心部にはやはり岩石状の小さな核があ

図4-19　原始的な太陽系のイメージ図。個別の天体は極端に大きく強調されている
出典：NASA

る。つまり、これら木星から海王星までの惑星は、地球のように表面が岩石で覆われてはいないのだ。

13 月の誕生

　私たちに深い関わりのある月。地球の衛星である月は、太陽系ができて間もない、いまから約45億5000万年前に誕生した。このころの地球は多くの小天体と衝突をしていた。あるとき、火星ほどの大きさの天体が地球に衝突したと考えられている。

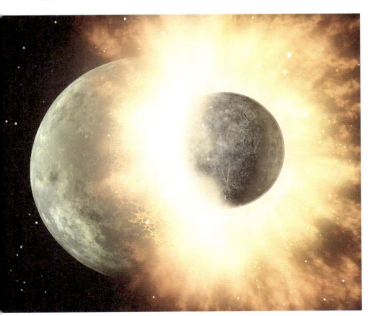

図4-20　月を誕生させるきっかけとなった巨大衝突の想像図　　出典：NASA

この仮想的な天体はテイアと呼ばれている。衝突方向が斜めに傾いていたため、その衝撃により大量の岩石状物質が宇宙空間に放りだされた。

それらの岩石状物質は最初、地球の周りを円盤状になって回転しているが、そのうちに集まって1つの天体になる。それが現在の月になった。この仮説を月の起源に対する巨大衝突説という。月と地球が似た岩石成分でできていることや、高精度コンピュータ・シミュレーションによる再現ができるなど、多くの証拠がそろっている有力な説である。

この巨大衝突の衝撃で、地球の自転軸が現在のような傾きになったと考えられている。地球に適度な季節をつくりだしたのだ。さらに月の存在は、地球の自転軸を安定させる働きをもつ。月がなければ自転軸がもっと大きく変動して、地球の気候も不安定な激しいものになるだろう。また、月ができる前の地球は自転速度が速く、1日が5～8時間ほどしかなかった。月があると、そこから力をおよぼされて地球の自転速度が遅くなる。その結果、1日が24時間になった。原始の地球に適度な角度と速度でテイアが偶然衝突しなければ、現在のおだやかな地球環境はなかったと考えられるのだ。

14 生物の起源と進化

地球上で、人間は単純な生命から進化して生まれた。では、最初の生命は、いつどこで誕生したのだろうか。地球上で生命が誕生したのか、それとも宇宙のどこかからやってきたのだろうか。生物学的にこの問題はいまだ大きな謎に包まれている。

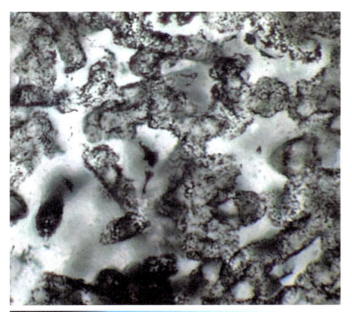

図4-21 最古の地球にいた微生物の化石　　　出典：David Wacey

　地球上で生命が誕生したならば、地球上にある物質を材料にして偶然につくられたことになる。自分自身を複製することのできる生命が、なにかのきっかけで偶然に発生する確率はかなり小さいはずだ。だが、いまから少なくとも35億年前までには、地球上に細菌のような生命がいて、その化石が見つかっている。地球の岩石ができたのは40億年ほど前だから、それから数億年後にはすでに生命が地球上に生きていたのだ。地球上に生命が偶然生まれるのに必要な時間がわずか数億年というのは短すぎるかもしれず、最初の生命の源は宇宙からやってきたという説も有力だ。これを生命起源に対する「パンスペルミア説」とい

う。そうだとしても、生命が宇宙のどこでいつ発生したのかは謎だ。

いったんなんらかの原因で自己複製できる生命体が発生すると、環境に応じて数を増やすことができる。地球の環境は過去に何度も激変し、それまで順調に生きていた生命も悪環境になるとどんどん死滅してしまう。その中で少しでも環境に順応した個体が生き残れば、そこからまた数を増やすことができる。最初は細菌のように単純な生命体だったが、そうした悪環境にもめげずに進化してきた。その結果、複雑で多様な生命体が地球上に満ちあふれているのが現在の地球だ。

地球上に生命が存在するようになった後も、長い間それらは単細胞生物や菌類のような単純な生命のままだった。いまから約7億年前には全球凍結といって、地球表面のほとんどが氷で覆われてしまうほどの大氷河期が到来し、そのショックで生物が大量絶滅してしまったと考えられている。そんな過酷な環境下でも一部の生命はしぶとく生き延びた。

15 人類の誕生へ

そののちに地球が温暖化すると、生物の進化は加速的に進み始めた。約5億5000万年前にはカンブリア爆発という大進化があり、それまでは生物の種が数十種類しかなかったのに、このとき数万種類にまで爆発的に増えた。このあと生物の進化は加速的に進み、複雑な生命体や大型の動物が出現した。いまから約2億3000万年前には恐竜が誕生し、その後の地上世界を1億5000万年以上も支配した。だが、いまから約6550万年前に恐

竜は突然絶滅してしまった。ちょうどこのころ巨大な隕石が地球に衝突したことがわかっており、それが引き金となって地球環境が激変したためだと考えられている。

恐竜が絶滅する前にも哺乳類はいたが、恐竜の支配する世界では大きく発達することができなかった。恐竜の絶滅後は、哺

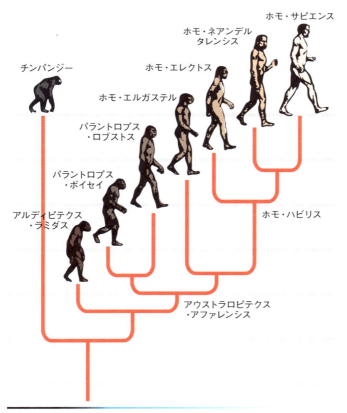

図4-22　人間の進化系統

乳類の爆発的な進化が始まり、恐竜に取って代わる存在となった。その進化の中で、いまから約500万年前に類人猿から分化することにより、アフリカで猿人が誕生した。約250万年前には原人が現れて石器を使い始めた。約23万年前にはネアンデルタール人が現れ、約20万年前には現代人の直接の祖先であるホモ・サピエンスが誕生した。

約3万年前にはネアンデルタール人が絶滅し、約2万年前までには、世界中に人類が住むようになった。そして日本では、縄文時代から弥生時代となっていく。その後の人類の躍進が凄まじいことは、いうまでもなく見てのとおりだ。農耕を始めて巨大な社会をつくりだした。科学が発展して工業化が進んだころから世界の人口は爆発的に増え、地上世界は人類によって支配される世界となった。だが、現代の私たちが暮らしているような社会ができたのは、宇宙の歴史から見るとほんの一瞬前の出来事である。

16 巨大隕石の役割

地球には、常に隕石が衝突しているが、たいていのものは地上に届く前に大気圏で燃え尽き、流れ星となって私たちの目を楽しませてくれる。だが、一部の大きな隕石は燃え尽きずに地表に到達する。最近では、2013年2月15日にロシアのチェリャビンスク州に落ちてきた隕石が記憶に新しい。派手な閃光を放ちながら地上に落ちてくる姿が動画に撮られている。地上に到達するまでに燃えて小さく分裂してしまっていたが、この隕石のもとになったのは直径17mほどの小惑星だったと推定されて

いる。

大きな隕石ほど落ちてくる確率は小さくなるが、長い地球の歴史の中では、巨大な隕石が何度か地上に落ちてきた。そのなかには地球環境を激変させてしまうほどの規模に達するものもあった。約45億5000万年前の、月をつくりだしたテイアとの巨大衝突も、広い意味では巨大な隕石との衝突だ。地球の歴史上、もっとも激しい隕石衝突だといえるだろう。

いまから約6550万年前、直径10kmもの巨大な隕石がメキシコのユカタン半島に衝突した。そのときにできたクレーターの

図4-23　ユカタン半島に衝突した巨大隕石の想像図。恐竜を絶滅させる原因になったと考えられている

出典：Don Davis / NASA

痕跡は直径160kmにもおよぶ。この規模の隕石が衝突すると、衝突した地面から大量の塵などが微粒子となって空高く舞い上がり、地球全体を覆って太陽の光をさえぎってしまう。地上は暗闇に包まれて気温は低下し、植物は枯れてしまう。

　地層と化石の分析から、ちょうどこの時期に多くの生物が絶滅したことが知られ、白亜紀の大絶滅と呼ばれている。時期が一致するため、その直接の引き金になったのがユカタン半島の隕石衝突だったという説が有力だ。体が大きかった恐竜は、この大激変を生き延びることができず、すべて絶滅して姿を消してしまった。一方、哺乳類は体も小さく柔軟だったせいか、どうにかこの過酷な出来事を生き延びることができたのだ。もし、この隕石衝突がなければ、いまだに地上は恐竜の闊歩する世界であり、現代の人類は生まれていないに違いない。

宇宙カレンダー

　宇宙の歴史はあまりに長すぎて、日常的な感覚ではピンとこないだろう。そこで、ビッグバンから現在までの時間138億年を1年に縮めて考えてみることにしよう。宇宙の時間スケールを表すためによく行われるこの方法は、宇宙カレンダーと呼ばれる。ビッグバンの時刻を1月1日0時とし、現在の時刻を12月31日24時とする。この宇宙カレンダーでは時間の進む速さが138億倍になる。宇宙カレンダーの1秒は、現実時間の約438年に対応する。

　宇宙カレンダーの元旦、1月1日の午前0時に宇宙が始まった。無からの宇宙創生やインフレーションがあったとしても、宇

宙カレンダーではどんなに正確な時計でも計れないほど短い時間で終了してしまう。ビッグバン元素合成が起きたのすらも0時ちょうどからわずか10ナノ秒ほど過ぎたころだ。このあたりは宇宙カレンダーで考えてもあまり意味がないほど一瞬の出来事だ。

元旦の0時15分ごろ宇宙の晴れ上がりが起きた。そこからすぐに宇宙の暗黒時代が始まる。最初の星が生まれて暗黒時代が終わるのは1月3日だ。宇宙カレンダーの正月は暗闇の中で過ごさねばならない。

1月10日ごろまでには最初の銀河が宇宙にできた。また、1月終わりごろまでには小さな銀河団もできた。2月中旬ごろ、超銀河団も形を見せ始め、大規模構造が徐々につくられ始める。

3月18日ごろには天の川銀河系で星の生まれる速さが最大になった。また、このころから巨大な銀河団ができてきた。4月ごろには銀河の合体が頻繁に起こっていた。

夏の間、銀河の中にある星は生まれたり死んだりを繰り返す。何度も超新星爆発が起こり、宇宙空間に重元素がばら撒かれる。そして9月3日、天の川銀河系の中についに太陽系が誕生する。9月4日、原始の地球に天体テイアが衝突し、その衝撃で月ができる。

9月13日には、ダークエネルギーの斥力が物質の引力を上回り、宇宙の膨張速度が加速を始める。9月中旬ごろ、地球上でごく単純な生命が活動を始めた。その後しばらくは原始的な生命しかいなかった。

12月10日から16日までの1週間、大氷河期がきて全球凍結が起き、地球は氷に閉ざされた。それが終わって徐々に温暖化すると、12月17日の深夜に進化のカンブリア爆発が起こり、多

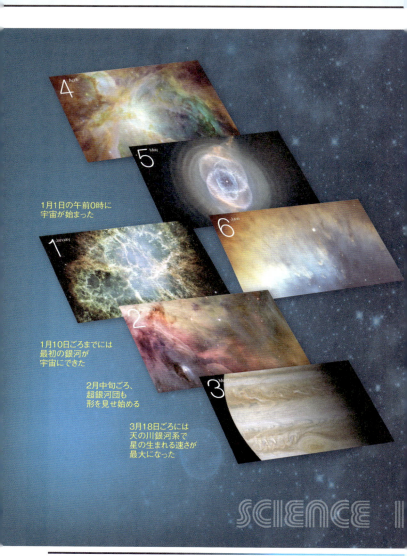

図4-24 宇宙カレンダー

第4章 宇宙の進化

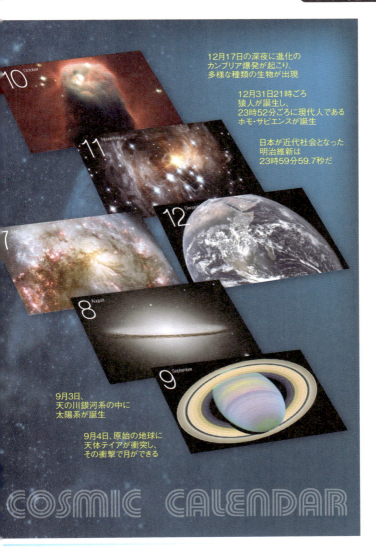

12月17日の深夜に進化の
カンブリア爆発が起こり、
多様な種類の生物が出現

12月31日21時ごろ
猿人が誕生し、
23時52分ごろに現代人である
ホモ・サピエンスが誕生

日本が近代社会となった
明治維新は
23時59分59.7秒だ

9月3日、
天の川銀河系の中に
太陽系が誕生

9月4日、原始の地球に
天体テイアが衝突し、
その衝撃で月ができる

COSMIC CALENDAR

様な種類の生物が出現した。

　12月30日の朝6時半ごろ、巨大隕石がユカタン半島に衝突して地球環境を激変させた。時を同じくして恐竜を含む大量の生物が絶滅した。そして、哺乳類が爆発的な進化を始めた。

　人類が誕生したのは、大晦日の夜になってからだ。12月31日21時ごろ猿人が誕生し、22時45分ごろには原人が石器を使い始めた。23時52分ごろに現代人であるホモ・サピエンスが誕生した。日本で縄文時代が始まったのが23時59分22秒、弥生時代が始まったのは23時59分53秒である。そして、日本が近代社会となった明治維新は23時59分59.7秒だ。宇宙カレンダーでは、人の平均寿命は0.2秒弱にしかすぎない。日本でテレビ放送が始まったのが23時59分59.86秒、アップルが最初のiPhoneを売りだしたのは23時59分59.98秒となる（2016年1月現在）。

SECTION 5

宇宙の終焉

宇宙の未来予測

前章まで、現在に至る宇宙の過去について述べてきた。では、宇宙の未来はどうなるのだろうか。この最後の章では、今後の宇宙がどういう運命をたどるのかについて考えていこう。

もちろん、いくら科学が進んだといっても、未来を確実に予測するのは不可能だ。近い未来であればそれなりに意味のある予測もできるが、遠い未来になればなるほど、不確実性はどんどん大きくなる。

たとえば、天気予報を例にとってみよう。最近では、明日の天気であれば当たる確率がかなり高い。だが、一週間後の天気予報となると、あまりあてにならない。1カ月後の日の天気など、予報されても誰も信じない。先のことになるほど、その時点では知り得ない不確実な要素が多くなってくるので、確実な予報ができなくなってくるのだ。

この章では、私たちのもつ宇宙の知識を尽くして最善の未来予測をすることにしよう。遠い未来になればなるほど不確実性が大きいことは避けようのない事実だが、正確な未来を知ることはかならずしも人生にとって幸せなことではない。不確実ではあっても、未来に思いを馳せることそのものを楽しむのだと割り切れば、それも悪くないものだ。

2 これからどれくらいものごとが存続できるか

　具体的なものごとについての未来予測には不確実性がついて回るが、一般的にいまあるものが今後どれくらい存続しそうかという確率的な期間をおおまかに知る方法がある。この方法では、それが具体的にどういうものでどのような終わり方をするのかについて、まったく知らなくてもよいのだ。物理学者のリチャード・ゴットによると、いま目の前にあるものが今後も存続する時間は、95％の確度で、それがこれまでに存続してきた時間の39分の1倍から39倍の間となる。ここで、確度95％という意味は、同じような予測を何度も繰り返したとき、平均的に20回に19回はその予測が的中するという意味である。この結果を導くための論理は単純で、**図5-1**を見ると納得できるはずだ。

　ゴットはベルリンの壁を初めて目にしたとき、それができてから8年経っていたという。彼の論法によれば、8年の39分の1である約75日から、8年の39倍である312年までの間に95％の確度で壁がなくなることになる。実際、彼が壁を見てから20年後にベルリンの壁が実際に崩壊した。

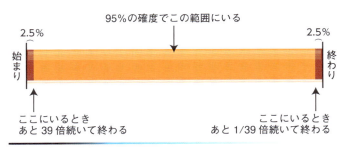

図5-1　ゴットの推定

このゴットの論法はきわめて一般的なものであり、今後の存続時間に関する手がかりがまったくないものについてはなんにでも適用できる。もちろん、いつ終わりそうかという情報が前もって知らされている場合には適用できない。わざと深夜の0時1分に起きて、95％の確率で今日という日はあと1.5秒から39分の間に終わる、とはいえないのだ。なぜなら、0時1分というのは1日が始まったばかりだということをあらかじめ知って選んでいるからだ。24時間の中からでたらめな時間を選ぶのであれば、この論法が成り立つ。もし、でたらめに選んだ結果として0時1分だったのであれば、それは予測が外れる確率5％の中に偶然入っていたのだ。これまでに存続してきた時間だけがわかっていて、今後の存続時間についての情報がなにもない場合にかぎり、ゴットの論法が正確な見積もりを与えてくれる。

3　人間の文明はいつまで続くのか

　人間社会の動きほど未来予測の難しいものはない。歴史上の大きな出来事を見ても、小さな出来事や独裁者のちょっとした行動が増幅されて社会全体を左右してしまうことがあるからだ。起こった結果に対して後づけの理由を考えることはできるが、前もって確実に予測できるようなものではない。

　地球上にはいくつもの文明が現れては消えてきた。そのほとんどは、私たちに知られている歴史が始まる前に消え去ってしまった。滅びた文明の知識は後世に受け継がれず、その痕跡はイギリスのストーンヘンジに代表されるような謎の遺構に見られるのみだ。

古代に現れては消えていった文明の数々は、どれも地域的に限定されていて、地球全体に広がることはなかった。現代文明が古代文明と決定的に異なるのは、全地球上の人間がつながりあっているということだ。最近ではインターネットの普及によって急速に情報のグローバル化が進み、分断された地域的文化の多様性は加速的に失われつつある。現代社会は情報革命とい

図5-2　古代に滅びた文明の知識は受け継がれていない。私たちの文明の知識は遠い後世に受け継ぐことができるのだろうか（写真はストーンヘンジ遺跡とモヘンジョダロ遺跡）
出典：Wikimedia

う大きな変化のさなかにあり、人類の未来は過去の歴史から連続的に予想できるようなものでは決してない。

　このように不確実性の大きいものについては、ゴットの推定法に頼るのが妥当だ。これによって現代文明が未来にどれくらい続くかを推定してみよう。どの時点から数えるかにもよるが、大きくとって現代文明の始まりを3000年前としてみよう。日本では縄文時代の終わり、弥生時代が始まろうとしているころだ。すると、現代文明が終わるのは95％の確度で77年後から12万年後の間ということになる。

　もちろん、この確率の議論では具体的にどのような終わりを迎えるのかはわからない。急激な変化で破滅的な最後を迎えるのか、あるいは徐々に廃れていってゆるやかに消え去ってしまうのか。

　もし終わりが77年後にくるのであれば、それは破滅的な終わりになるだろう。現代文明は現在の地球環境に順応したものなので、環境が激変すれば文明を維持するのは難しい。恐竜を滅ぼしたような地球規模の天変地異、もしくは全面核戦争のような自己破壊が起きれば、ほとんどの人間が生き延びるのは難しいだろう。最悪の場合には人類が絶滅してしまうが、幸運でしぶとい少数の人間はそのあとに残るかもしれない。その場合でも、現代文明の継承は不可能になり、数千年前の原始的な生活に戻ってしまうかもしれない。

　破滅的なことが起きなくても、数万年の単位で現代文明が徐々に廃れていくことはおおいにありえる。人類が十分に賢い行動をとれば、あと何万年も現代文明を続けることも不可能ではない。現代社会の極度な便利さは失ってしまうかもしれないが、そこそこ文明的な生活を数万年以上も維持できるとすれば、

それはよろこぶべきことだろう。

　文明にこだわらず、とにかく子孫が生き延びていればよいという条件なら、人類の終わりはもっと先かもしれない。私たちホモ・サピエンスが誕生したのが20万年前ということから、95％の確度であと5000年から780万年は続くことになる。短いほうの5000年しか続かないなら、それはやはり環境の激変であろう。長いほうの780万年生き延びるとすると、生物進化の影響が無視できなくなってきて、もはや現代人とはいえない姿形をしているかもしれない。それは人類の絶滅というよりも、異なる生物への進化であって、その後は違った生物としてその先に子孫が生き延びる可能性がある。終わりがかならず訪れるからといっても、決して悲観する必要はない。

4　地球と太陽はいつ、どのような終わりを迎えるのか

　太陽は永遠の存在ではない。いまの太陽は、中心部で起きている核融合反応によって輝いていられる。だが、長い時間をかけて徐々に太陽も変化していくのだ。太陽がこの先にどのような運命をたどるのかは、物理学によって比較的正確に予測することができるので、ゴットの推定法に頼るほどの不確実さはない。

　現在の太陽は水素をヘリウムに変える核融合反応で輝いていて、燃料である水素の量は徐々に減っている。水素が減ってヘリウムが増えていくと、太陽の中心部が徐々に収縮して明るくなる。このため、太陽は生まれてから少しずつ明るくなり続けている。地球は10万年スケールで見るとさまざまな要素で温暖化と寒冷化を繰り返しているが、それよりもずっと長い10億年

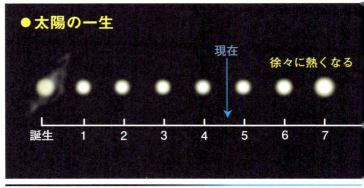

図5-3　太陽の一生

のスケールで見ると、太陽自体が明るくなっていくことにより、地球は温暖化に向かう。約10億年後には地球の気温が100℃以上となる。すると液体の水が存在できなくなり、いま地球上で見られるような形の生命が生きていくのは難しい。

　いまから約55億年後、中心部の水素が燃え尽きてくると、その外側で水素の核融合が始まる。太陽は大きく膨らみ始めて赤色巨星という種類の星になる。いまから75億年ほどあとには太陽の大きさが最大に達し、現在に比べて大きさが約250倍になり、明るさは約2700倍になる。このときの太陽半径は、現在の地球と太陽の距離よりも大きい。とはいえ、このときに地球が太陽に飲み込まれるとはかぎらない。赤色巨星になった太陽は物質を放出して重力を弱めていくため、地球はいまよりも遠いところを公転するようになるからだ。一方で、太陽から放出された物質との摩擦力によって地球の公転速度が落ちすぎると、やはり地球は最終的に太陽に落ち込んでしまう可能性もある。いずれにしても、このときには私たちの知っている生命に

第5章 宇宙の終焉

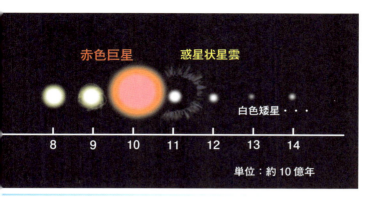

出典：Tablizer, Wikimedia

満ちた地球の姿はどこにもない。

　その後は、太陽の中心部に蓄積したヘリウムがさらなる核融合をして炭素をつくり始める。この核融合は最初に恐るべき速さで進み、一瞬だけものすごく明るくなる。その後は収縮して暗くなり、1億年ほどは安定してヘリウムの核融合を続ける。その後、また中心部の外側で核融合が始まり、ふたたび太陽が膨張し、明るくなる。その後は、まだ太陽に残っていた外層部が宇宙空間に放出され、惑星状星雲という形状になる。

　物質が放出されたあとには、炭素や酸素でできた白色矮星という種類の星が残される。現在の太陽の半分ほどの質量だが、大きさは現在の地球程度しかない。密度が異常に大きく温度が高いため、最初は明るく輝いている。だが、この星では核融合が起きないため、新しく供給されるエネルギー源がない。このため、徐々に温度が下がり暗くなっていく。その暗くなる速さはきわめてゆっくりしていて、まったく輝かなくなるまでには数兆年かかる。こうして太陽は静かな死を迎える。

図5-4 惑星状星雲のひとつ、らせん星雲
出典：NASA, ESA, and C.R.O'Dell (Vanderbilt University), M. Meixner and P. McCullough (STScI)

5 星々の運命

　銀河系の中では、いろいろな大きさの星ができたり消えたりしている。ほとんどの星の質量は、太陽と同程度かそれよりも小さい。そうした星々は最終的に白色矮星となって、長い時間をかけながら静かに暗くなっていく。一方、星の質量が大きい

第5章 宇宙の終焉

図5-5 かに星雲の全体像（上）とその中心部（下）。中には小さな中性子星がある
出典：（左）NASA, ESA, J. Hester, A. Loll (ASU)、（右）NASA, HST ASU, J. Hester et al.

ほど、派手な活動をするために寿命は短い。質量が太陽の10倍の星は1000万年から1億年程度しか活動せず、20倍の星は100万年も活動できない。

できたときの質量が太陽の10倍以上だった星は、その一生の最後に超新星爆発という派手な大爆発を起こし、その質量の大部分を宇宙空間に吹き飛ばしてしまう。その爆発は激烈なもので、爆発時の明るさが1つの銀河全体の明るさに匹敵するほどだ。このとき、星の内部でつくられた元素や、爆発時の衝撃による核反応でつくられた多様な元素が、宇宙空間にばらまかれる。鉄より重い元素は星の内部でつくられることがないため、この世界にある鉄より重い元素はすべて超新星爆発のときの衝撃でつくられた。

超新星爆発のあとには、まったく輝くことのない超高密度の星が残される。それが、中性子星やブラックホールだ。爆発前の質量が太陽の25倍程度以下のときは最終的に中性子星が残され、それ以上のときはブラックホールが残される。中性子星はブラックホールほどではないが極限的な高密度天体で、半径が10km程度でありながら質量は太陽程度もある。あまりにも物質が小さいところに詰め込まれ、星全体がすべて中性子でできた原子核のようなものになっている。

図5-5は超新星爆発の残骸、かに星雲である。かに星雲をつくりだした超新星爆発は、西暦1056年に観察されて中国や日本の古い文献に記録されている。爆発後に放出されたガス状の物質が広がっていて、その中心部には中性子星が存在している。

第5章 宇宙の終焉

ミルコメダ銀河

　天の川銀河の近くにある大きな銀河はアンドロメダ銀河で、約250万光年離れたところにある。アンドロメダ銀河は私たちの方向へ向かって近づいていて、いまから約40億年後には天の川銀河とほぼ確実に衝突するだろう。銀河の大きさに比べれば、銀河の間の平均的な距離はそれほど大きくないため、銀河の衝突というのは宇宙の中でそれほどめずらしい出来事ではない。**図5-6**は実際に衝突しつつある銀河の例だ。

　天の川銀河がアンドロメダ銀河と衝突しても、その中の星が衝突することはまずない。星の間には広大な空間が広がっていて、星同士はめったなことでは衝突しないのだ。このため、2つの銀河は形を崩しながらお互いをすり抜ける。その後また近づいて、何度か行ったり来たりする。最終的には一体化して、1

図5-6　衝突する銀河NGC2207とIC2163
出典：NASA/ESA and The Hubble Heritage Team (STScI)

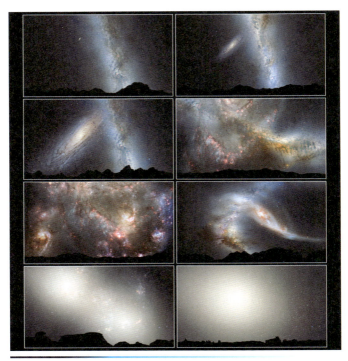

図5-7　アンドロメダ銀河との衝突を眺めることができた場合の想像図
出典：NASA, ESA, Z. Levay and R. Van der Marel (STScI), T. Hallas, and A. Mellinger

つの巨大な楕円銀河になる。

いまはまだ存在しないこの巨大楕円銀河は、ミルコメダ（Milkomeda）と呼ばれている。Milky Way（天の川）とAndromeda（アンドロメダ）を組み合わせた名前だ。現在の天の川銀河やアンドロメダ銀河の近くには、大小合わせて50個ほどの銀河がある。この集団は典型的な銀河団よりも小さく、局所銀河群と呼ばれている。局所銀河群に属する銀河は、1兆年以内にミルコメダ銀河に吸収されてしまうと考えられている。

また、宇宙の加速膨張により、いまから約1500億年後にはほかの銀河がすべて宇宙の地平面の外にでていく。その結果、ミルコメダ銀河とほかの銀河の間には因果的なつながりがいっさいなくなる。ミルコメダ銀河からほかの銀河を見ることはできなくなり、宇宙の中で孤立した状態になる。

7 銀河系の終焉

　宇宙にある銀河の数々は、今後も衝突・合体を繰り返す。銀河の平均的なサイズは大きくなり、数は減っていくだろう。また、宇宙の加速膨張により、最終的には自分自身を除くほかの銀河が宇宙の地平面の外へでて行ってしまう。地平面の外にある銀河同士はいかなる関係ももてなくなるため、個々の銀河は宇宙の中で孤立する。こうなると、銀河の衝突はもはや起きなくなる。事実上、宇宙には銀河が1つしかないのと同じだ。そういう宇宙になってから生まれた知的生命がいれば、自分のいる銀河系がそのまま宇宙全体だと考えることになるだろう。

　銀河系の中にある星々の寿命はまちまちだ。基本的に大きな星は太く短い生涯を送り、小さな星は細く長い生涯を送る。大きな星は、その活動の最後に内部にある物質を宇宙空間に戻すため、それがふたたび新しい星をつくる原材料になる。だが、一部は白色矮星や中性子星、ブラックホールとして残されるため、徐々に新しく星をつくるための材料が宇宙空間から減っていく。

　銀河系のなかで、もっとも長く輝くことができる星は、小さな星だ。太陽の1/10程度の質量しかない赤色矮星という種類の星は、約10兆年生き延びて暗く輝き続ける。だが、それも永

遠のことではなく、徐々に星の光は失われていく。もはや新しく星を生むための材料もなくなり、その後には星や惑星の残骸、ブラックホールなど、光を発しない黒い天体だけが残される。宇宙は光が失われた暗黒の世界に帰るのだ。

星々の光が失われたあとも、それらの残骸は光らない銀河として存在し続ける。銀河の中心部には超巨大ブラックホールがあり、その周辺を暗黒の天体やダークマターが運動する、という状態が続く。ブラックホールの周りを運動する天体は、まっすぐブラックホールに向かわないかぎり、ブラックホールに吸収されることはない。回転の力が働くためだ。

むしろ長い間には、天体どうしの相互作用によって軽い星は銀河の外へ放りだされてしまう。銀河から放りだされた星は、そのまま銀河から遠ざかっていき、最終的には地平面の外へでていって、2度と戻ってこない。

外へでて行く星々は銀河から運動エネルギーをもって行ってしまうため、残された星々の運動エネルギーが減る。その結果、

図5-8 最後には銀河も消え去り、超巨大ブラックホールだけが取り残される

星々は銀河の中を勢いよく飛び回ることができなくなり、銀河の全体的な大きさが小さくなる。すると、平均的な星々の距離が短くなって、さらに多くの星が外へ放りだされていく。

銀河が大きいうちは、中心にある超巨大ブラックホールに星が吸収される確率は少ない。まれに近づきすぎて吸収されてしまうものもある。だが、星の多くが外へ放りだされて銀河が縮小すれば、残された星がブラックホールに吸収される確率も増えていく。十分な時間が経てば、すべての星は、外へ放りだされるかブラックホールに吸収されるかのどちらかの運命をたどる。銀河からは星が消え去り、超巨大ブラックホールだけが残されることになるだろう。ただし、そこまでに要する時間はとてつもなく長く、1兆年のさらに1億倍（1垓年）ほどの時間がかかる。事実上の銀河の終焉だ。

8 ホーキング放射

ブラックホールといえども、気の遠くなるような長い時間の中では、永遠の存在ではない。ブラックホールはなんでも吸い込むので大きくなる一方だと思いきや、実はきわめてわずかながらエネルギーを放出する。ブラックホールは、そこに落ちてくるものがまったくなく、真空の宇宙空間に孤立した状態で置かれていると、長い時間をかけて徐々にやせ細っていくのである。

ブラックホールがエネルギーを放出するという現象は、第2章の宇宙創世論でも登場した物理学者スティーブン・ホーキングによって1974年に予言された現象だ。それまでブラックホールは物質やエネルギーを吸い込む一方の天体だと思われていたのだが、実は

そこからエネルギーがわずかずつ逃れられる。その物理的メカニズムにホーキングが初めて気づいたのだ。ブラックホールからエネルギーが放射するというこの現象を「ホーキング放射」という。

なぜなにものも逃れられないはずのブラックホールからエネルギーが放射できるかといえば、第2章でもでてきた量子論の原理による。量子的なゆらぎがなければホーキング放射はない。量子論を考慮に入れると、ブラックホールといえどもすべてを吸い込むだけのものではなくなるのだ。

量子論の不確定性原理により、物質がないように見える真空の空間であっても、粒子が仮想的にできたり消えたりしていると考える必要がある。通常の空間では、そういう粒子が現実に観測されることはない。もしそのようなことがあれば、その粒子のぶんだけ、全体的なエネルギーが増えてしまうからだ。現実の粒子について、全体的なエネルギーは増えたり減ったりしない。

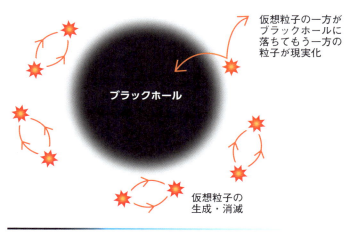

図5-9 ホーキング放射の直感的な説明

ところが、ブラックホールの近くでは時空間が極端にゆがんでいるため、仮想的にできた粒子がそのまま消え去らずに外へでてくることができる。その直感的なメカニズムは以下のとおりだ（図5-9）。

まず、粒子が仮想的にできるときには、粒子と反粒子という2つの仮想粒子が対になって生じる。ブラックホールには、それより中へ入ると2度と外には戻れないという境界の面がある。この面をブラックホールの地平面という。ブラックホールの地平面すれすれで仮想粒子の対が生まれると、一方はマイナスのエネルギーをもってブラックホールの中へ落ち込み、もう一方はプラスのエネルギーをもって外へでてくる。マイナスのエネルギーを受け取ったブラックホールの質量は小さくなる。一方、プラスのエネルギーを獲得して外へでてきた粒子は、もはや仮想粒子ではなく現実の粒子となる。こうして、全体としてはブラックホールの質量が少し減り、ブラックホールの表面からは粒子が生まれてくる。

9 ブラックホールの蒸発

ブラックホールが大きければ大きいほど、そこから放射されるエネルギーは少ない。銀河中心にある超巨大ブラックホールから放出されるホーキング放射のエネルギーは、全体で豆電球よりも30桁以上小さなエネルギー（10^{-33}ワット程度）しかない。このため、最初はエネルギーの小さな光子、もしくは電波がおもに放射される。ブラックホールが小さくなるほどホーキング放射のエネルギーが大きくなるという性質がある。

ホーキング放射によってエネルギーを失ったブラックホールは徐々にやせ細っていき、最後には完全に蒸発してしまうと考えられる。蒸発するにつれてブラックホールが小さくなり、そのために放出されるエネルギーがだんだん大きくなっていき、蒸発する直前には電子や反電子、また陽子やその反粒子である反陽子なども放出されるだろう。蒸発の最後の瞬間だけは多少明るく輝くことになる。

　ただし、ホーキング放射はきわめて小さなエネルギーしか放出しないので、ブラックホールのやせ細る速さはきわめてゆっくりとしたものだ。銀河中心にある超巨大ブラックホールが完全に蒸発するまでには、1の後ろに0を84個ほど続けて書いた数ほどの年数（10^{84}年）がかかる。

　こうして、気の遠くなるほどの長い時間をかけてブラックホールは姿を消す。それまでにブラックホールから放出された粒子は、空虚な宇宙空間に孤立してしまう。宇宙空間はすでに膨張しすぎていて、粒子の間の空間は極端に広大だ。1つの粒子がほかの粒子と宇宙空間で出会うことはほとんどない。ごく稀に粒子が出会ってお互いに力をおよぼしあうこともあるが、それ以上のおもしろい出来事は起こらない。

10　ビッグフリーズ

　こうして、宇宙空間からブラックホールが蒸発すると、あとには極端に希薄な粒子が残される。もし、超巨大ブラックホールが蒸発するほどの長い時間が経っても宇宙が存在しているならば、光子、電子、反電子、ニュートリノ、そしてダークマター

が残っていると思われる。陽子は崩壊してほかの粒子に転換してしまっている可能性がある。またそのほかの粒子も、これほど長い時間の中ではほかの未知の粒子に転換してしまう可能性も否定できない。宇宙自体が十分に長生きであったとしても、宇宙空間にある物質はあまりにも希薄になりすぎ、興味深いことは何事も起こらない場所になってしまうだろう。

これが宇宙の終焉だ。宇宙空間は永遠に存在し続け、時間も流れ続ける。だが、そこは何事も起こらない死の空間だ。この宇宙の終焉予想は、ダークエネルギーが標準的な宇宙項に近い性質をもつ場合を仮定している。すべてが凍りついたような死の空間となるこの終焉を、ビッグフリーズと呼ぶ。

11 ダークエネルギーの時間変化と宇宙の終焉

前節までの予測では、ダークエネルギーがアインシュタインの宇宙項で与えられるという標準的な仮定で話を進めてきた。この場合には、宇宙の膨張速度が加速的に大きくなっていき、永遠に膨張し続ける。ただ、ダークエネルギーの正体いかんによっては、遠い将来の宇宙が決定的に違うものになりえる。特に、宇宙が永遠に膨張し続けることができない場合、前節までに述べた宇宙の未来予想は成り立たず、まったく異なる運命が待ち受けている。

宇宙の運命が大きく異なるのは、未来に向かってダークエネルギーの性質が大きく変化していく場合だ。ダークエネルギーは宇宙を加速的に膨張させようとする力として働くのだった。標準的な宇宙項によるダークエネルギーの場合、その力は将来

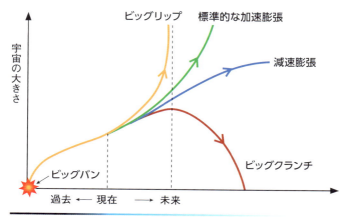

図5-10 ダークエネルギーの正体によっては、宇宙の運命が大きく異なりえる

にわたって一定だと考えられる。だが、ダークエネルギーの正体が不明なため、その力が徐々に弱まっていったり強まっていったりするという可能性も現段階では否定できない。いまのところ観測的にそうした証拠があるわけではないが、そうした可能性を見極めようとする観測計画は現在着々と進められている。以下には、ダークエネルギーが宇宙項とは異なる場合に、どのような宇宙の未来がありえるのかについて考えよう。

12 ビッグクランチ

　まず、ダークエネルギーの力が将来弱まっていく場合を考える。膨張の速さはこれまでに十分大きくなっているので、その余勢で宇宙は膨張し続ける。十分にダークエネルギーの効力が小さくなると、膨張の速度は増えなくなり、加速ではなく減速

しながら膨張するようになる。

　減速膨張する宇宙では、宇宙の地平面が広がり続けるため、遠くにある銀河が見えなくなることはない。だが、遠方の銀河が私たちの銀河に大きな影響をおよぼすことはないので、この場合でも加速膨張する宇宙とあまり変わらない未来になる。遠方の銀河が輝いているうちは、そこからかすかな光が届くくらいだ。それが私たちの銀河の運命までも変えてしまうようなことはない。

　ダークエネルギーの効力が小さくなるだけでなく、行き過ぎてマイナスの効力をもち始めるとすると、話はまったく違ってくる。ダークエネルギーは現在のところプラスのエネルギーをもっている。そのエネルギーが減っていき、ゼロを通り越してマイナスのエネルギーになる可能性を考えよう。

　プラスのダークエネルギーは空間を膨張させる力となっているのだが、マイナスのダークエネルギーは逆に空間を収縮させる力になってしまう。膨張している宇宙にマイナスのダークエネルギーが出現すると、その膨張にブレーキがかけられる。この場合、宇宙はまず減速しながら膨張するようになる。さらにマイナスのダークエネルギーが十分な効力を発揮すると、宇宙は膨張を止めてしまう。いったん宇宙膨張が止まると、宇宙はそのままではいられずに収縮へ向かい、最後に宇宙は潰れてしまう。これをビッグクランチという。このときは図5-10で宇宙の大きさが将来ゼロになってしまう曲線（赤線）をたどっていく。

　宇宙が収縮し始めると、それまでとは違って銀河同士の距離がだんだん短くなっていく。銀河はお互いに衝突して合体を繰り返す。最後には宇宙規模で合体し、宇宙全体が星で満たされた超巨大な1つの銀河のようになるだろう。その後はどんどん星と星の間の距離が狭くなっていく。

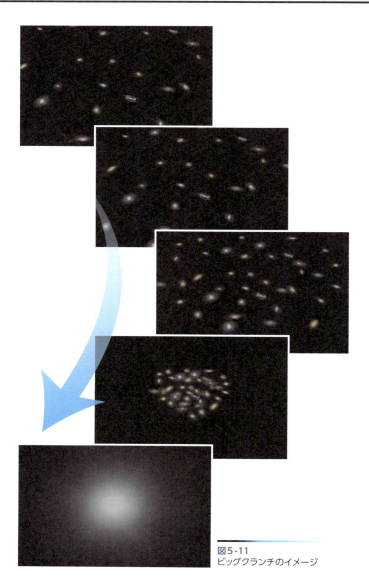

図5-11
ビッグクランチのイメージ

宇宙の収縮によって、現在は薄く広がっている弱い宇宙マイクロ波背景放射が、強いエネルギーをもつようになる。夜空が背景放射によって明るく光輝くのだ。また星の間に広がっていた希薄なガスの密度も濃くなる。宇宙全体が物質と放射で満たされ、その温度はぐんぐん上昇していく。宇宙全体が高温になると、星は表面から蒸発していき、最後には物質と放射で満たされた宇宙空間へ溶けだしてしまうだろう。

一方、ブラックホールは宇宙空間に溶けだすことなく生き残る。宇宙の収縮につれてブラックホール同士が合体する。宇宙は、大小のブラックホールの周りを高密度の物質や放射が満たした状態になるだろう。さらに宇宙が収縮すると、ブラックホールの間にある空間はビッグバンを時間的に逆にたどることになる。原子は分解されてクォーク・スープの状態になり、高温の放射で満たされる。

だが、そのような空間もいずれはブラックホールに飲み込まれる。宇宙全体がブラックホールで覆い尽くされて、宇宙空間が存在しなくなる。宇宙全体が潰れてしまうのだ。こうして宇宙はビッグクランチによる破滅的な終焉を迎える。ダークエネルギーがマイナスに変化する場合、宇宙の未来はこのようになることが予想される。

13 ビッグリップ

前節とは逆に、ダークエネルギーの力が将来さらに強まっていく場合を考える。このときには、標準的なダークエネルギーの場合よりも膨張が速くなる。理論的には、膨張の速さが速く

なりすぎて、ある時点で無限の速さになってしまうことさえありえる。この極端な場合には、宇宙の終焉が劇的なものになる。

ダークエネルギーの力が極端に増大すると、現在の宇宙では有限の範囲にある空間が、将来のある時刻で無限に大きく広がってしまう。これは、空間が収縮して潰れるのとは真逆で、空間が膨張しすぎて引き裂かれてしまうという状態だ。引き裂くことをリップ（rip）というので、宇宙が引き裂かれて終焉を迎えることをビッグリップという。このときは図5-10で宇宙の大きさがある時点で無限大になる曲線（橙線）をたどる。

ビッグリップを引き起こすようなダークエネルギーは理論的に見て奇妙なものなのだが、ダークエネルギー自体が奇妙なものであることを考えると、そういう可能性も一概に捨て去ることはできない。

ビッグリップの起きる宇宙の未来は、ビッグクランチに劣らず破滅的だ。ダークエネルギーが空間を広げる効果は極限的に大きくなり、物質同士に働く万有引力も打ち消してしまう。このため、現在は重力によってひとまとまりになっている天体も、将来は大きなものから順に引き裂かれて分解してしまう。超銀河団や銀河団は銀河の集団であることをやめ、個々の銀河が宇宙空間に放りだされ、次に銀河は星の集団であることをやめ、個々の星が宇宙空間に放りだされる。

いよいよビッグリップの瞬間が迫ると、その破壊力は銀河よりもずっと小さな星や惑星にまでおよぶ。星や惑星は細かな粒子にまで分解されて宇宙空間にばらまかれる。そして、その粒子は原子にまで分解され、さらには原子すらもそれ以上分解できない素粒子にまで分解されてしまう。こうなると、もう宇宙にはどのような構造もない。ブラックホールが分解されるかど

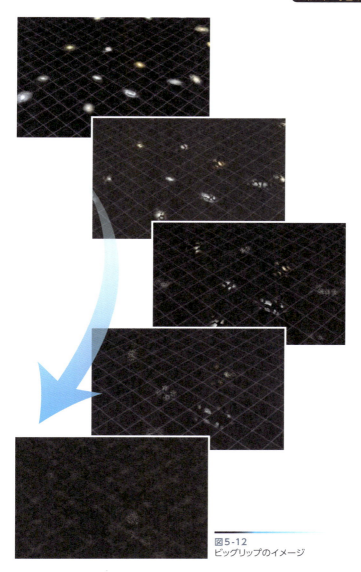

図5-12
ビッグリップのイメージ

うかはビッグリップの原因がなにかによっても変わるが、ダークエネルギーが流入することで質量が失われ、最終的にブラックホールが消え去ってしまうのではないかという説もある。

ビッグリップの瞬間には、空間が無限の大きさに引き裂かれてしまい、それ以上は宇宙が存続できない。時間と空間は一体化したものなので、空間が引き裂かれて終焉を迎えるのと同時に、時間も破壊されてなくなってしまうのだ。

14 ほかの可能性

宇宙の終焉がどうなるか、科学的に確実なことを断言することは難しい。前節までに述べた未来像は、現在の宇宙の状態がそのまま未来へと予測可能な形で続いていくという前提にもとづいている。だが、いつか予測不可能な突発的変化が起きるかもしれない、という可能性を排除することはできない。

一般に、未来予測においては長期予測をしようとすればするほど、突然起きる不定因子がそれまでの経験にもとづいた予測をひっくり返してしまうものだ。2011年の東日本大震災は、いかに多くの人々の人生を強制的に終わらせ、またいかに多くの人々の人生設計を根本から台なしにしてしまったことだろう。予測不能な突発的な変化は、すぐに起きる可能性は低くとも、長い年月の間にはいつか起きるものだ。

宇宙の未来にも同じことがいえる。物理学的に見ると、宇宙全体に突発的な変化が起きても不思議なことではない。たとえば、宇宙初期のインフレーション理論が正しければ、急激な膨張をするインフレーション期は突然終わってしまった。インフ

レーション中に未来予測をしていたならば、永遠にインフレーションが続くものだと考えるのが自然だっただろう。だが、インフレーションの原動力となった空間のエネルギーは、急激に放射や物質のエネルギーへ変化してしまい、インフレーションは突如として終わってしまった。

宇宙全体に急激な変化を起こす可能性として、真空の相転移がある。第2章でも述べたように、現代物理学において真空というのは一通りではなくいくつかの相があると考えられている。具体的にどのような相がいくつあるのかは不明だが、それだけに、予測不可能な形でいつか現在とは異なる相に真空が突然変化してしまうかもしれないのだ。

こうなると、宇宙はたちまちその新しい真空の相で覆われ、それは私たちが未だ見たこともないような不可思議な世界になってしまうだろう。空間の中に物質が動き回っている、という私たちに慣れ親しんだ世界も破壊されて、完全に未知の形式をもったまったく新しい世界が次にくることになるだろう。それは、新しい宇宙の始まりといってもよいはずだ。

もしこのような突発的な変化が宇宙を覆い尽くすと、現代物理学の知識でその世界を具体的に予測しようとしても言葉を失う。その先の世界がどのようなものになるのか、それをあれこれと想像することは読者の自由に任せたい。

本書をここまで読んできた読者にとって、宇宙とは常識的に想像できる範囲を超えたものだということが明らかであろう。宇宙を想像することは、常識を超えた思考をすることでもあるのだ。本書を読み終えたいま、読者の世界観は少しでも変わっただろうか。壮大で非常識的な宇宙の視点から人間社会を見直してみるのも一興かもしれない。

参 考 文 献

| 『多世界宇宙の探検』 | アレックス・ビレンキン 著、
林田陽子 訳（2007）
日経BP社 |

| 『宇宙論入門』 | 佐藤勝彦 著（2008）
岩波新書 |

| 『時間旅行者のための基礎知識』 | J・リチャード・ゴット 著、林一 訳（2003）
草思社 |

| 『宇宙のエンドゲーム』 | フレッド・アダムズ、グレッグ・ラフリン 著、
竹内薫 訳（2008）
ちくま学芸文庫 |

| 『すべてはどのように終わるのか』 | クリス・インピー 著、小野木明恵 訳（2011）
早川書房 |

| 『宇宙観5000年史』 | 中村士・岡村定矩 著（2011）
東京大学出版会 |

| 『現代宇宙論』 | 松原隆彦 著（2010）
東京大学出版会 |

索　引

英

COBE	103
E0銀河	145
Planck	103
SDSS	24
WMAP	103

あ

アーノ・ペンジアス	99
アイザック・ニュートン	16、40
アインシュタイン方程式	40、118
アップクォーク	127
アポロ計画	17
天の川銀河	21、179
アラン・グース	75
アルバート・アインシュタイン	40、93
アレクサンダー・ビレンキン	67
アンドレアス・アルブレヒト	83
アンドレイ・リンデ	83
アンドロメダ銀河	179
一般相対性理論	40、42、44
イトカワ	18
インフレーション	75、77、81
インフレーション・モデル	87
インフレーション理論	75、77、90、194
宇宙カレンダー	162
宇宙ニュートリノ背景放射	111
宇宙の泡構造	25
宇宙の大規模構造	24、92
宇宙の晴れ上がり	135、136
宇宙マイクロ波背景放射	27、28、92、99、137
宇宙マイクロ波背景放射のゆらぎ	101
エドウィン・ハッブル	144
エドワード・トライオン	63
温度ゆらぎのパワースペクトル	104

か

カオス的インフレーション	87
核子	131
核融合反応	173
カンブリア爆発	158
境界条件	70
銀河団	24
クォーク	125
クォーク・スープ	131
グルーオン	125
経路積分法	71
原子核反応	95

さ

サウル・パールムッター	121
佐藤勝彦	75
ジェームス・ハートル	70
質量エネルギー	47
修正重力理論	87
自由電子	109
重力レンズ効果	114
ジョージ・ガモフ	94
初期ゆらぎ	91
ジョルジュ・ルメートル	93
真空の相転移	81
真空のゆらぎ	63
水素	151、173
水素原子	109、110
スーパーカミオカンデ	111
スカラー場	81、91
スティーブン・ホーキング	70、183

索引

前期量子論	61
相	78
相対性理論	46
相転移	78
素粒子	125

た

ダークエネルギー	49、51、118、121、187、188、191
ダーク成分	113
ダークマター	48、51、113、114、117、137
大統一理論	87
ダウンクオーク	127
脱出速度	62
地動説	16
中性子星	178
超巨大ブラックホール	147
超銀河団	24
超新星爆発	179
定常宇宙論	28、98
天動説	16
トップ・ダウン型構造形成	149

な

ニールス・ボア	61
ニュートリノ	111、117

は

ハイブリッド・インフレーション	87
ハッブル・ウルトラ・ディープ・フィールド	142
林忠四郎	97
はやぶさ	18
パンスペルミア説	157
万有引力の法則	16、40
光の脱結合	136
ビッグクランチ	190
ビッグバン	34
ビッグバン元素合成	97、133
ビッグバン理論	35、39、92、98
ビックフリーズ	187
ビッグリップ	192
不確定性関係	64
不規則銀河	146
物質のプラズマ状態	133
ブライアン・シュミット	121
ブラックホール	42、178、185
フラマリオン版画	13
プランク時間	59
プランク長	74
プランク定数	64
フリッツ・ツビッキー	113
プロキシマ・ケンタウリ	21
ヘリウム	151、173
ヘリウム原子	109、113
ボイド	24
ホーキング放射	184、185
ポール・スタインハート	83、89
ボトム・アップ型構造形成	149

ま

マックス・プランク	58
ミルコメダ	179
無境界・境界条件	72

ら

リチャード・ゴット	169
リチャード・ファインマン	70
量子効果	58
量子トンネル効果	67
量子論	58、63、67
レプトン	125
レンズ状銀河	145
ロバート・ウイルソン	99
ロバート・ディッケ	100

SIS-327 マンガでわかる超ひも理論

宇宙のあらゆる謎を解き明かす
究極の理論とは？

荒舩良孝/著　大栗博司/監修　　　1,100円+税

重力、電磁気力、強い力、弱い力、この4つの力を統一し、宇宙のすべてを記述できる可能性を秘めた理論、それが本書で学ぶ超ひも理論です。ニュートン力学から相対性理論、量子力画をへて、超ひも理論がどのように誕生したのか、そしてその理論で解き明かせる宇宙の謎まで、マンガでわかりやすく解説します。

サイエンス・アイ新書　●　宇宙&科学ジャンル

好評発売中

SIS-315　マンガでわかる宇宙「超」入門

太陽系から宇宙の果てまで
天体にまつわる疑問がスッキリわかる!

谷口義明／著　保田正和／マンガ　　　1,200円＋税

星や惑星、銀河などの天体は、知れば知るほど謎が生まれ、興味が尽きることはありません。本書は、私たちが見ることのできる天体の疑問について、美しい写真やイラストとともにわかりやすいマンガで解説しました。宇宙旅行を楽しむ気分で、まずは母なる地球から月、太陽、惑星へと視点を広げ、さらには太陽系が属する銀河系、その外側の銀河の世界、最後は宇宙の最果てにある天体まで、一気に駆け抜けましょう。

サイエンス・アイ新書　・　宇宙&科学ジャンル

好評発売中

SIS-309 **地球・生命——138億年の進化**

宇宙の誕生から人類の登場まで、
進化の謎を解きほぐす

谷合 稔　　1,200円+税

46億年前、宇宙の片隅でチリとガスの中から太陽系が誕生し、その中から地球も誕生した。燃えたぎるマグマのかたまりの星に海ができ、生命は生まれようとしては壊れることを繰り返し、6億年前、ようやくその歴史をスタートさせた。単細胞から多細胞へ、骨格や足ができ、陸上へ登った。そして700万年前、二本の足で歩くサルがアフリカに登場した。10万年前には知恵をもったヒトも登場し、地球の主人公となった。

好評発売中

SIS-277 **ロケットの科学**

日本が誇るH-ⅡAからソユーズ、アリアン、長征など世界のロケットを完全網羅

谷合 稔　　1,100円＋税

人類がつくりだしたもっとも強力な乗り物、ロケット。その開発には国家の威信がかかり、膨大な金額の予算がつぎこまれる。私たちの生活に深く入りこんでいる宇宙からの情報は、人工衛星を運んだロケットが支えているのだ。何百トンもの重量のロケットを弾丸よりも早く、正確に、しかも安価に飛ばすために、技術のかぎりを尽くした競争がいまも繰り広げられている。

サイエンス・アイ新書 ・ 宇宙&科学ジャンル

好評発売中

SIS-240 **アストロバイオロジーとはなにか**

宇宙に、生命の起源と、
地球外生命体を求める

瀧澤美奈子　　952円＋税

これまでのところ、われわれは広大な宇宙の中で孤独な存在である。なぜなら地球以外の惑星で知的生命体を発見できていないからだ。しかし、太陽系の外におびただしい数の惑星が発見されているいま、「もう1つの地球」が見つかる日まであとわずかだ。そこにははたして生命体が誕生しているのか？　それとも私たちの存在が稀なのか？　宇宙と命のつながりをめぐるすべての謎に、いま挑戦する！

サイエンス・アイ新書　•　宇宙&科学ジャンル

宇宙と地球を視る人工衛星100

スプートニク1号からひまわり、ハッブル、
WMAP、スターダスト、はやぶさ、みちびきまで

中西貴之

好評発売中

SIS-186　宇宙と地球を視る人工衛星100

スプートニク1号からひまわり、ハッブル、
WMAP、スターダスト、はやぶさ、みちびきまで

中西貴之　　952円+税

地球の軌道上には、世界各国から打ち上げられた人工衛星が周回し、私たちの生活に必要なデータや、宇宙の謎の解明に務めています。本書は、いまや人類の未来に欠かせない存在となったこれらの人工衛星について、歴史から各機種の役割、ミッション状況などを解説したものです。本書を読み終えたら、あなたもきっと宇宙（そら）を見上げ、人工衛星に想いを馳せるはず！

SIS-131 ここまでわかった新・太陽系

太陽も地球も月も同じときにできてるの?
銀河系に地球型惑星はどれだけあるの?

井田 茂・中本泰史　　952円+税

地球を含め太陽系に属する天体は、惑星も衛星も彗星もそれ以外も、どれもが太陽を回ることで存在し続けています。しかも、同じ時期に同じ素材からつくられた仲間だったのです。最新の観測技術と惑星形成理論を駆使して描きだされた太陽系は、あなたの常識をくつがえすほどの新事実で満たされています。太陽系外の惑星発見の方法や経緯を含めて、最新の惑星科学の基礎から最前線までを、まるごと解説します。

サイエンス・アイ新書 ・ 宇宙&科学ジャンル

好評発売中

SIS-075 宇宙の新常識100

**宇宙の姿からその進化、宇宙論、宇宙開発まで、
あなたの常識をリフレッシュ！**

荒舩良孝　952円＋税

新聞やテレビなどでは、ひんぱんに宇宙に関する新発見や新事実が報道される。それはこの先、何百年、何千年、いや何万年と続くのかもしれないが、少なくとも、いまの常識ぐらいは知っておきたいもの。そこで本書では、現時点で明らかになった宇宙の姿やその進化、宇宙を解き明かすキーとなる宇宙論、宇宙生活・開発など宇宙に関するあらゆる最新常識をお届けする。

サイエンス・アイ新書 発刊のことば

「科学の世紀」の羅針盤

20世紀に生まれた広域ネットワークとコンピュータサイエンスによって、科学技術は目を見張るほど発展し、高度情報化社会が訪れました。いまや科学は私たちの暮らしに身近なものとなり、それなくしては成り立たないほど強い影響力を持っているといえるでしょう。

『サイエンス・アイ新書』は、この「科学の世紀」と呼ぶにふさわしい21世紀の羅針盤を目指して創刊しました。情報通信と科学分野における革新的な発明や発見を誰にでも理解できるように、基本の原理や仕組みのところから図解を交えてわかりやすく解説します。科学技術に関心のある高校生や大学生、社会人にとって、サイエンス・アイ新書は科学的な視点で物事をとらえる機会になるだけでなく、論理的な思考法を学ぶ機会にもなることでしょう。もちろん、宇宙の歴史から生物の遺伝子の働きまで、複雑な自然科学の謎も単純な法則で明快に理解できるようになります。

一般教養を高めることはもちろん、科学の世界へ飛び立つためのガイドとしてサイエンス・アイ新書シリーズを役立てていただければ、それに勝る喜びはありません。21世紀を賢く生きるための科学の力をサイエンス・アイ新書で培っていただけると信じています。

2006年10月

※サイエンス・アイ（Science i）は、21世紀の科学を支える情報（Information）、
知識（Intelligence）、革新（Innovation）を表現する「 i 」からネーミングされています。

サイエンス・アイ新書
SIS-350

http://sciencei.sbcr.jp/

宇宙の誕生と終焉
最新理論で解き明かす!
138億年の宇宙の歴史とその未来

2016年2月25日　初版第1刷発行
2018年10月7日　初版第4刷発行

著　者　松原隆彦
発行者　小川　淳
発行所　SBクリエイティブ株式会社
　　　　〒106-0032　東京都港区六本木2-4-5
　　　　電話：03(5549)1201(営業部)
装丁・組版　近藤久博(近藤企画)
印刷・製本　図書印刷株式会社

乱丁・落丁本が万が一ございましたら、小社営業部まで着払いにてご送付ください。送料小社負担にてお取り替えいたします。本書の内容の一部あるいは全部を無断で複写(コピー)することは、かたくお断りいたします。

©松原隆彦 2016　Printed in Japan　ISBN 978-4-7973-8550-2

SB Creative